파블로프가 들려주는 **소화** 이야기

파블로프가 들려주는 소화 이야기

ⓒ 이흥우, 2010

초   판 1쇄 발행일 | 2005년 12월 19일
개정판 1쇄 발행일 | 2010년 9월 1일
개정판 13쇄 발행일 | 2021년 5월 31일

지은이 | 이흥우
펴낸이 | 정은영
펴낸곳 | (주)자음과모음

출판등록 | 2001년 11월 28일 제2001-000259호
주   소 | 04047 서울시 마포구 양화로6길 49
전   화 | 편집부 (02)324-2347, 경영지원부 (02)325-6047
팩   스 | 편집부 (02)324-2348, 경영지원부 (02)2648-1311
e-mail | jamoteen@jamobook.com

ISBN 978-89-544-2074-7 (44400)

파블로프가
들려주는

소화 이야기

| 이흥우 지음 |

㈜자음과모음

파블로프를 꿈꾸는 청소년을 위한 '소화' 이야기

우리는 매일 세 끼 식사를 합니다. 그뿐만 아니라 결혼식이나 돌잔치 등 여러 모임을 흔히 먹는 일로 마무리합니다. 어떻게 생각하면 먹는 것보다 더 중요한 일은 없겠다 싶습니다. 먹지 못하면 더 이상 살아갈 수가 없으니까요.

하지만 소화 기관도 쉬어야 하는데, 소화 기관이 너무 많은 일을 하는 게 아닌가 싶어요. 그러니 병이 잘 나지요. 요즘음에는 못 먹어서 병이 나기보다는 많이 먹어서 병이 나잖아요.

우리는 음식물이 어떻게 소화되는지에 대해서는 잘 알지 못하고 살아요. 늘 먹으면서 말이죠. 우선 먹기만 하면 소화 기관이 알아서 소화시켜 주겠지 하는 식이죠.

자동차는 고장 나면 카센터에서 고치면 되지만, 우리의 소화 기관은 고장 나면 건강을 잃기 쉬워요. 한 번 잃어버린 건강은 병원에서도 찾을 수 없는 경우가 많답니다.

저는 4가지를 생각하면서 이 책을 썼답니다. 첫째 학습에 도움이 되도록 하고, 둘째 재미있게 쓰며, 셋째 우리 몸의 신비함이 담기도록 하고, 넷째 건강에 도움이 되도록 하자는 생각입니다.

하지만 다 쓰고 나니 아쉬움이 남아요. 아무쪼록 이 책을 읽고 소화 기관과 우리 몸의 놀라운 기능에 대해 깊이 이해할 수 있었으면 해요.

이 책은 조건 반사와 소화의 연구로 유명한 파블로프가 우리 친구들에게 직접 이야기하는 형식을 빌려서 재미있고 편하게 읽을 수 있도록 하였습니다.

끝으로 예쁜 책을 만드느라 고생이 많은 강병철 사장님과 직원 여러분에게 감사를 드립니다.

이 홍 우

차례

소화관 – 기다란 관

입에서 시작하여 위, 작은창자, 큰창자를 거쳐 항문에 이르는
소화관에 대해 알아봅시다.

1

파블로프가 밝은 표정으로
첫 번째 수업을 시작했다.

식물은 광합성을 하여 스스로 살아갈 수 있습니다. 하지만
동물은 스스로 영양소를 만들지 못하므로 반드시 먹이를 섭
취해야 살 수 있답니다. 그래서 동물은 반드시 입에서 시작
하여 위, 작은창자, 큰창자를 거쳐 항문에 이르는 소화관을
가지고 있답니다. 사람도 마찬가지고요.

자, 다음 페이지의 그림을 한번 보세요. 무엇을 나타내는
것일까요?

이 그림은 사람을 나타낸 것입니다. 사람을 잘 생각해 보세
요. 입과 항문이 있고, 입과 항문을 연결하는 긴 관이 있지

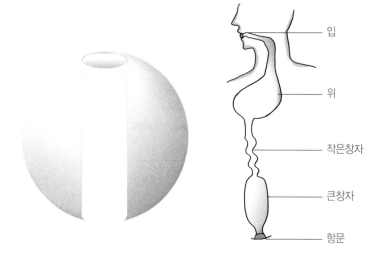

입

위

작은창자

큰창자

항문

요? 바로 소화관입니다. 중간에 주머니 같은 위가 있고 구불구불한 창자가 있지만 입과 항문은 하나의 관으로 이어진답니다. 어때요? 왼쪽의 공 그림과 오른쪽의 사람이 별로 다를 바 없죠?

아이가 엄마 배 속에서 처음 생겨날 때 소화관이 생겨나는 것을 간단히 말하면 이렇답니다. 우선 속이 빈 공 모양이 생겨나고요, 이것을 밑에서 밀어올려 공을 위아래로 뚫고 지나가는 관을 만드는 것입니다. 이것이 바로 소화관의 시초랍니다.

그렇다면 소화관은 우리 몸의 속이라고 해야 할까요, 겉이라고 해야 할까요?

＿ 몸속이오.

아닙니다. 우리 몸의 소화관은 몸의 내부가 아니라 외부라고 보는 것이 옳답니다. 따라서 음식물은 몸의 내부로 들어가는 것이 아니라 몸을 관통하는 관을 따라 이동하는 것이랍니다.

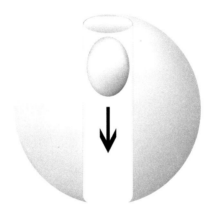

음식물은 소화관을 따라 내려갑니다. 음식물이 소화관 내벽을 통과하여 흡수되려면 크기가 아주 작아야 합니다. 적어도 세포막을 통과할 정도로 크기가 작아야 하지요.

그런데 씹는 것만으로는 음식물을 아주 작게 만들 수 없습니다. 그러나 우리 몸은 놀랍게도 음식물을 작은 분자 수준으로 잘라 내는 소화 효소가 있답니다. 그래서 어떤 사람은 소화 효소를 '가위'에 비유하기도 하지요. 음식물이 몸을 관통하는 관을 지나는 동안 소화 효소라는 '가위'가 나와서 음식물을 작은 분자로 자른답니다.

그런데 소화 효소가 나오는 곳은 소화관 벽만이 아니죠. 어디에서 소화 효소가 나올까요? 바로 이자랍니다. 이자는 소화 효소를 만드는 전문 기관이랍니다. 그리고 쓸개에서 쓸개즙이 나오지요. 쓸개즙은 간에서 만들어진 다음 쓸개에 보관되었다가 분비된답니다.

소화관에는 불룩한 주머니가 있습니다. 바로 우리가 위라고 부르는 부분이지요. 이렇게 불룩한 부분이 왜 필요할까요? 언젠가 위암에 걸려 위를 잘라 낸 사람을 본 적이 있습니다. 그 사람은 밥을 한 번에 많이 먹지 못하기 때문에 조금씩

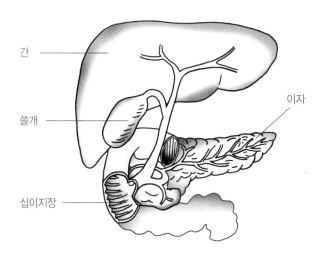

간

쓸개

이자

십이지장

여러 번 먹어야 했습니다. 여간 불편한 게 아니겠죠.

　그렇습니다. 위는 한꺼번에 많이 먹기 위한 장치입니다. 위가 없어서 하루에 10번씩 밥을 먹어야 한다고 생각해 보세요. 아마 끼니를 챙기느라 할 일을 제대로 하지 못할 것입니다. 동물이 항상 먹이만 먹고 있을 수는 없기 때문에 위가 필요한 것입니다. 특히 초식 동물이 항상 풀만 뜯고 있다면 맹수에게 잡아먹히기 쉬울 것입니다. 먹을 때 한꺼번에 많이 먹으면 이동하기에도 편하고, 맹수에게 모습을 보이는 기회도 줄어들 것입니다.

　다시 한 번 소화관의 구조와 작용을 생각해 보도록 하죠. 우리 몸에는 구불구불 기다란 소화관이 있답니다. 이 관을 통

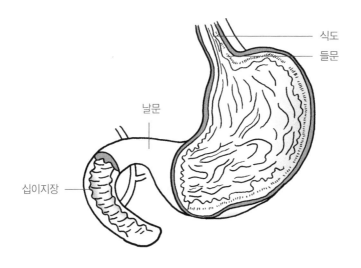

식도

들문

날문

십이지장

해 우리가 먹은 음식물이 지나가지요. 그리고 음식물이 관을 지나는 동안 아주 작은 분자 수준으로 잘려져서 흡수된답니다. 소화관이 긴 이유는 음식물을 소화시키고, 흡수하는 데 시간이 많이 걸리기 때문입니다. 그래서 충분한 시간을 확보하기 위해 소화관이 기다란 모습을 하고 있는 것이랍니다. 마지막으로 큰창자는 흡수되고 난 찌꺼기를 모아서 내보내는 곳이랍니다.

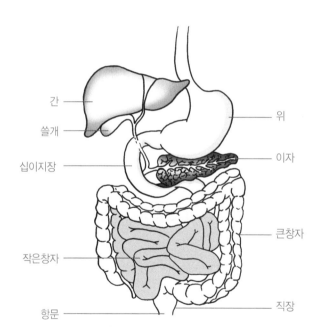

너는 좀 전에 밥을 먹었으면서 과자가 그렇게 많이 들어 가니?

내 배는 소화가 너무 잘되는 것 같아요. 먹고 나서도 금방 배가 고파져요.

내가 퀴즈 하나 내지요. 우리의 소화관은 우리 몸의 속일까요, 바깥일까요?

당연히 우리 몸속이지요.

소화관은 우리 몸의 바깥이라고 하는 것이 맞아요. 아이가 엄마 배 속에서 처음 생겨날 때 소화관이 생기는 원리는 우선 속이 빈 공 모양에서 출발합니다.

이것을 밑에서 밀어 올려 공을 위아래로 뚫고 지나 가는 관을 만드는 것입니다. 이것이 바로 소화관의 시초랍니다.

아, 그래서 소화관은 몸의 속이 아니라 바깥이군요.

그리고 음식물이 소화관 내벽을 통과하여 흡수되려면 세포막을 통과할 정도로 크기가 작아야 하지요.

우리가 아무리 오래 음식을 씹는다고 해도 그렇게 작게 만들 수는 없잖아요.

맞아요. 그래서 음식물이 우리 몸을 관통하는 소화관을 지나는 동안 소화 효소가 나와서 작은 분자로 잘라 준답니다.

소화 효소는 일종의 잘게 자르는 가위 같은 거군요.

영양소 –
탄수화물, 단백질, 지방

우리 몸의 연료인 탄수화물과 일꾼인 단백질,
그리고 연료를 저장해 놓는 지방에 대해 알아봅시다.

2

두 번째 수업

영양소—
탄수화물, 단백질, 지방

파블로프가
두 번째 수업을 시작했다.

　이번 시간에는 우리가 먹는 것에 대해 이야기하려고 해요. 우리가 무엇을 먹는지 알아야 소화에 대한 구체적인 이야기를 할 수 있을 것입니다.

　우리가 어떤 음식을 먹든 그 안에 포함된 영양소는 6가지 영양소 중의 하나랍니다. 6가지 영양소는 바로 탄수화물, 지방, 단백질, 물, 무기 염류, 비타민입니다.

　6가지 영양소를 다음 페이지의 그림과 같이 두 모둠으로 나누어 보았습니다. 두 모둠의 차이는 무엇인가요?

　＿ 많이 먹는 순서입니다.

__분자의 크기입니다.

아닙니다. 그 차이는 바로 우리 몸속에서 에너지를 방출하는가, 못 하는가 하는 데 있습니다. 우리는 아무리 물을 많이 먹어도 물로부터 단 1kcal의 에너지도 얻을 수 없답니다.

언젠가 아프리카 어린이들이 배가 고파서 찬물을 먹고 잠이 든다는 신문 기사를 읽은 적이 있습니다. 그 기사를 읽고 너무 마음이 아팠답니다. 물은 우리 몸에 에너지를 주지 못하기 때문입니다. 반면에 탄수화물이나 지방은 1g만 먹어도 약 4kcal의 에너지를 얻을 수 있습니다. 그렇다고 물이 우리 몸에서 소중하지 않다는 말은 아닙니다. 물은 에너지를 주지는 않지만 무척 중요한 기능을 한답니다.

하지만 지금 우리의 관심은 탄수화물, 지방, 단백질에 있습니다. 왜냐하면 소화의 대상이 되는 영양소가 바로 탄수화물, 지방 단백질이기 때문입니다.

탄수화물은 우리 몸의 연료이다

엔진을 가동하려면 에너지가 필요하고, 에너지를 얻으려면 연료가 필요하지요. 그것이 가스이든 석유이든 석탄이든 말입니다. 우리 몸을 하나의 엔진이라고 생각해 봐요. 사람도 연료가 필요하겠지요. 그렇다면 사람의 주된 연료는 무엇일까요? 바로 탄수화물이랍니다. 물론 지방과 단백질도 연료가 될 수는 있지만 말입니다.

탄수화물은 기본적으로 탄소(C), 수소(H), 산소(O)로 되어 있답니다. 탄수화물 중에서도 탄소 6개, 수소 12개, 산소 6개가 모여 구성되는 포도당이 가장 기본이 됩니다. 포도당은 $C_6H_{12}O_6$로 나타내고, 탄소가 연결된 모습 때문에 보통 육각형으로 그리지요.

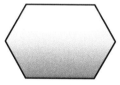

포도당

포도당이 2개 결합하면 엿당이 됩니다. 엿에 많이 있다 하여 엿당이라고 합니다. 여러분, 엿을 먹으면 단맛이 나지요? 포도당, 엿당 등에 붙은 '당'은 사탕이라는 의미랍니다. 단맛이 난다는 것을 나타내죠.

엿당이 여러 개 모이면 녹말이 됩니다. 다음 그림을 보세요.

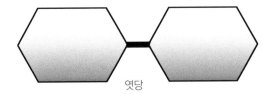

엿당

녹말은 결국 많은 수의 포도당이 결합해 만들어지는 큰 탄수화물 분자랍니다.

그럼 탄수화물이 무엇인지 다시 정리해 봅시다. 탄수화물에는 포도당, 엿당, 녹말이 속해 있습니다. 이외에도 과당, 설탕이 속해 있답니다. 과당은 포도당과 탄소, 수소, 산소의 숫자가 같은, 그래서 크기가 비슷한 탄수화물입니다. 설탕은 포도당과 과당이 결합해서 생긴 탄수화물이고요.

녹말

탄수화물이 많이 포함되어 있는 먹을거리에는 무엇이 있는지 함께 그려 볼까요?

탄수화물이 많이 포함되어 있는 먹을거리는 보통 주식으로 여긴답니다. 그 이유는 탄수화물이 우리 몸의 연료이기 때문입니다. 자동차에 기름을 넣듯 우리 몸에 연료를 공급하지요.

옥수수

고구마

쌀(밥)

감자　　　　밀(빵)　　　　보리(밥)

표현이 좀 이상한가요? 하지만 사실이랍니다.

식사 시간에 식탁을 살펴보세요. 여러분 앞에 밥이 놓여 있지요? 식사를 어떻게 하나요? 쌀밥을 한 숟가락 먹고 반찬을 먹고, 또 밥 한 숟가락 먹고 반찬을 먹고 그러지요? 그만큼 밥이 중요한 거랍니다. 왜냐하면 밥에는 우리 몸의 연료인 탄수화물이 많이 들어 있기 때문이에요. 그만큼 우리가 살아가는 데는 많은 연료가 필요한 거랍니다.

밥에는 탄수화물이 많이 포함되어 있다고 했습니다. 그렇다면 쌀에는 포도당, 엿당, 녹말 중 어느 것이 주로 들어 있을까요? 바로 녹말이랍니다. 고구마, 감자, 옥수수, 보리도 모두 마찬가지입니다. 왜 녹말이 주성분일까요?

식물이 광합성을 하면 1차적으로 포도당이 생깁니다. 식물은 포도당을 자신이 이용하기 위해 저장합니다. 포도당을 저장하는 수단이 바로 녹말이지요. 포도당을 죽 이어서 둘둘 감아 놓는답니다. 그것이 바로 쌀이 되고, 보리가 되고, 감자가 되는 것입니다. 물론 쌀이나 감자가 모두 녹말로 되어 있다는 것은 아닙니다. 단백질·지방·비타민 등이 있지만, 녹말이 대부분을 차지한다는 뜻이죠.

단백질은 우리 몸의 일꾼이다

단백질은 탄수화물과 달리 탄소, 수소, 산소 외에도 질소(N)를 포함하고 있습니다. 어떤 것은 황(S)을 포함하고 있기도 하고요. 그래서 불에 탈 때 냄새가 탄수화물이 탈 때와 다르답니다. 머리카락이 타는 냄새를 맡아 본 적이 있나요? 머리카락은 대부분 단백질로 되어 있답니다.

아미노산

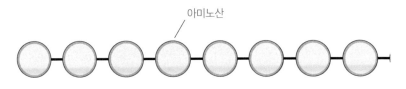

단백질

단백질은 아미노산이라는 조그만 분자가 모여서 이뤄집니다. 마치 포도당이 모여서 녹말이 되듯이 말이죠. 아미노산의 크기는 포도당의 크기와 크게 차이가 나지 않습니다. 다만 성분과 구조가 많이 다르지요. 그리고 아미노산은 그 종류가 무려 20가지나 있답니다. 단백질은 20가지의 아미노산 중 어떤 것들로 이뤄지느냐에 따라 그 종류가 달라진답니다.

단백질은 에너지가 나오기도 하지만 주로 우리 몸을 구성하고 조절하는 데 이용됩니다. 세포에서 하는 일의 대부분은 단백질이 합니다. 그러니까 탄수화물은 단백질이 일하는 데 필요한 에너지를 제공하는 셈이 되는 거죠.

우선 단백질은 효소의 성분입니다. 효소란 우리 몸에서 화학 반응이 잘 일어나도록 촉매 역할을 하는 단백질입니다. 세포의 진정한 일꾼이죠. 단백질이 일꾼이라고 말할 때는 바로 효소가 단백질임을 염두에 두고 하는 말이랍니다.

이외에도 산소를 운반하는 적혈구의 헤모글로빈, 호르몬의 일부가 단백질이고, 병균과 싸우는 항체도 단백질입니다. 또 근육도 단백질이고요. 그러므로 운반하고, 연락하고, 우리 몸을 지키고, 화학 반응을 일으키고, 몸을 움직이는 일을 단백질이 합니다.

단백질이 많은 먹을거리는 아무래도 고기 종류가 아닌가

해요. 또 달걀흰자도 거의 단백질이지요. 식물성 먹을거리로는 콩이 있고요.

지방은 연료를 저장해 놓은 것이다

지방은 탄수화물과 마찬가지로 탄소, 수소, 산소로 되어 있습니다. 하지만 물과 어울리지 않는 성질이 있지요. 이러한 성질은 탄소, 수소, 산소가 연결되어 있는 구조에서 비롯된답니다. 우리 일상생활에서 흔히 볼 수 있는 식용유, 땅콩, 삼겹살 등에 지방이 들어 있다는 것은 다 알고 있지요.

지방이 들어 있는 음식물은 맛이 있답니다. 우리가 기름진 음식을 좋아하는 것은 지방이 맛을 내기 때문이랍니다. 땅콩을 먹으면 고소하죠? 고소한 맛이 바로 지방의 맛이랍니다. 사실 단백질은 별맛이 없어요. 단백질과 지방이 적당히 섞여 있어야 맛이 좋답니다. 맛을 내기 위해 닭고기를 기름에 튀기는 것도 바로 이러한 이유에서랍니다. 삼겹살이 맛이 있는 것도 마찬가지입니다.

여러분은 혹시 고기가 단백질인지 지방인지 혼동되지는 않나요? 우리가 흔히 말하는 고기는 대부분 근육인데, 근육은 단백질로 되어 있답니다. 닭의 가슴살이나 뒷다리의 근육이 모두 단백질입니다.

붉은색 쇠고기에 붙어 있는 하얀 부분은 지방입니다. 또 삼겹살의 하얀 부분도 마찬가지입니다. 평소에는 고체인 이 지방 부분은 열을 가하면 쉽게 녹는답니다. 단백질과 구분되는 점이죠.

맛이 좋다고 기름진 음식을 너무 좋아하다가는 비만이 되기 십상입니다. 지방은 많은 에너지를 가지고 있기 때문입니다. 무슨 이야기냐 하면 지방은 1g에 무려 9kcal가 들어 있기 때문에 지방을 많이 섭취하면 지방이 가지는 에너지를 모두 다 사용하기가 어렵다는 거죠. 즉 몸속에 사용하지 못한 지방이 남는다는 것입니다. 그 여분의 지방이 몸에 지나치게 저장되면 바로 비만이 되는 거랍니다.

그렇다고 쌀밥이나 감자, 고구마는 비만과 관계가 없을까요? 그렇지 않지요. 관계가 있답니다. 사용하고 남는 탄수화물은 우리 몸속에서 지방으로 바뀌어 저장되기 때문입니다. 그러므로 쌀밥을 많이 먹고 몸을 움직이지 않으면 비만이 되는 거랍니다. 혹 여러분 주위에 배가 나오신 어른이 있진 않나요? 배가 나온 만큼 지방이 저장되어 있는 거랍니다.

지방은 우리 몸에서 에너지를 저장하는 수단이 됩니다. 이

외에도 지방이 우리 몸에서 하는 일은 많답니다. 세포막의 주성분이고, 호르몬의 성분이기도 하지요. 우리 몸이 춥지 않도록 하는 보온재이기도 하고요. 일반적으로 비만인 분들이 더위를 못 견디고 추위를 잘 견디는 것을 보게 되는데, 바로 지방 때문이랍니다.

바다표범을 보면 몸이 둥그렇죠. 피부 아래에 지방을 많이 저장하였기 때문이랍니다. 추운 바다에 살다 보니 피부 아래에 지방을 많이 저장하여 몸을 춥지 않게 하고, 또 몸에 열을 내는 데 지방을 이용하기 위한 것입니다.

이렇게 탄수화물, 단백질, 지방이 하는 일은 각각 다릅니다. 우리는 이 3대 영양소의 성질을 잘 이용하여 몸을 만들기도 하고, 몸을 조절하기도 하면서 살아갑니다. 우리 몸에서 각 영양소의 역할은 각자의 성질에 맞게 주어져 있답니다. 그래서 영양소를 골고루 섭취하는 것이 건강 유지에 대단히 중요하답니다.

선생님, 저부터 연료를 채워야겠어요. 배가 너무 고파요.

차에 연료를 넣어야겠군요.

좀 전에 밥 먹었잖아.

그런데 선생님 차는 휘발유나 경유가 연료잖아요. 우리 몸의 연료는 뭔가요?

우리 몸의 연료는 바로 탄수화물이랍니다.

탄수화물은 탄소·수소·산소로 되어 있는데, 특히 우리의 주식인 밥에는 탄수화물이 많이 들어 있답니다.

그럼 차의 연료를 저장하는 곳에 해당하는 것은 뭔가요?

그것은 지방인데 지방 역시 탄소·수소·산소로 되어 있으며, 우리 몸에서 에너지를 저장하는 수단 외에도 많은 일을 하고 있답니다.

그렇군요.

탄수화물과 지방 외에 우리 몸의 3대 영양소 중 하나로 단백질도 있는데, 단백질은 아미노산이라는 조그만 분자가 모여서 이뤄집니다.

단백질은 효소의 성분이며, 우리 몸에서 화학 반응이 잘 일어나도록 촉매 기능도 하고, 적혈구의 헤모글로빈, 항체, 근육 등도 단백질로 이뤄집니다.

대단히 중요한 일을 하네요.

3

소화의 의미 – 잘게 자르기

영양소는 우리 몸에 어떻게 흡수될까요?
큰 영양소를 잘게 자르는 소화 효소에 대해 알아봅시다.

3

소화의 의미 –
잘게 자르기

파블로프가 지난 시간에
배운 내용을 상기시키며
세 번째 수업을 시작했다.

지난 시간에는 우리가 먹는 영양소에 대해 알아보았습니다.
이번 시간에는 소화가 왜 일어나야 하는지, 그리고 소화 효소
란 무엇인지에 대해 알아보겠습니다.

우리가 먹는 영양소가 소화관에서 흡수되려면?

지난 시간에는 밥에 대해 이야기를 하였지요. 밥의 주성분
이 무엇이라 했지요?

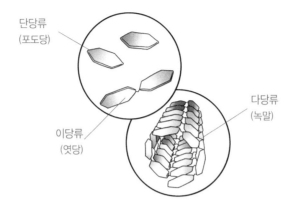

단당류
(포도당)

이당류
(엿당)

다당류
(녹말)

___ 녹말이오.

그렇죠, 녹말이라고 했습니다. 그런데 녹말은 대단히 큰 분
자랍니다. 다음 그림은 녹말을 나타낸 것입니다. 육각형 하나
하나는 포도당에 해당합니다. 녹말은 무척 큰 분자이기 때문
에 우리의 소화관에서 흡수할 수 없답니다.

여기서 잠시 소화관의 흡수에 대해 알아봅시다. 영양소가
소화관에서 흡수된다는 것은 영양소가 세포막을 지난다는
말과 같습니다. 왜냐하면 영양소는 소화관 내벽의 세포로 흡
수되기 때문입니다. 다음 그림과 같이 소화관 내벽은 세포로
덮여 있답니다. 영양소가 소화관 내벽을 통해 흡수되는 것을
나타낸 것입니다.

그러므로 녹말은 좀 더 작은 분자로 잘라져야 흡수될 수 있

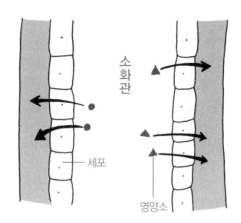

소화관

세포

영양소

답니다. 어느 정도로 작아야 소화관에서 흡수가 가능할까요? 포도당의 크기랍니다. 그러므로 녹말은 포도당 수준까지 작게 잘라져야 한답니다. 그러면 녹말을 계속 씹으면 포도당으로 분해될까요? 그렇지 않다고 했었지요? 이로 아무리 씹어도 포도당과 포도당 사이의 분자 결합은 잘라지지 않습니다.

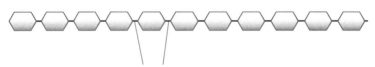

분자 간 결합은 이로 씹어도 잘라지지 않는다.

소화 효소는 큰 영양소를 잘게 자른다

앞서 이야기했듯이 다행히 우리 소화관에서는 소화 효소가 나온답니다. 소화관뿐 아니라 입에서도 소화 효소가 나오지요. 이 소화 효소들이 분자 간의 결합을 자른답니다.

녹말

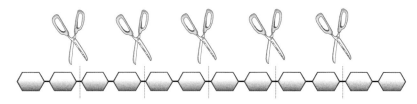

엿당

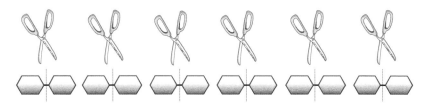

포도당

녹말은 어떻게 잘라질까요? 우선 포도당을 2개씩 잘라 낸답니다. 그러면 엿당이 생기겠죠? 그런 다음 마지막으로 엿당의 포도당 사이의 결합을 자르는 것이죠.

그러므로 녹말을 소화시키는 데는 2가지 효소가 등장합니다. 하나는 녹말로부터 포도당을 2개씩 잘라 내는 효소입니다. 우리는 이 효소를 아밀라아제라 부릅니다. 또 하나는 엿당을 분해하는 효소로 이름은 말타아제랍니다.

즉, 섭취한 녹말이 소화관을 지날 때 소화관에서 소화 효소가 나와 잘게 자릅니다. 그런 다음 작은창자의 내벽에서 세포막을 지나 흡수된답니다.

단백질이나 지방의 소화도 녹말의 소화와 다를 바가 없답니다. 다만 종류가 다른 소화 효소가 이들을 자를 뿐이지요.

우리 몸속의 관을 음식물이 통과할 때, 때맞춰 소화 효소라

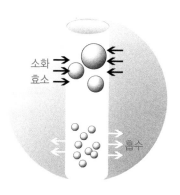

는 가위가 나와서 큰 영양소들을 잘게 자른 다음 흡수하는 우리 몸의 기능이 놀랍지 않은지요. 제가 가장 신기하게 여기는 것은 바로 소화 효소가 있다는 것입니다.

우리 몸에서 소화 효소를 내보내 영양소를 자른다는 것! 우리 몸이 가지는 놀라운 기능이요, 지혜라는 생각이 듭니다. 만일 소화 효소가 없다면 우리는 물이나 꿀, 소금처럼 분자가 작은 영양소를 갖는 먹을거리만 먹을 수 있을 것입니다. 이런 것들은 소화될 필요 없이 흡수되기 때문입니다.

아직도 먹고 있어. 그렇게 많이 먹으면 소화가 잘 안 되잖아.

괜찮아. 나는 위가 튼튼해.

근데 선생님, 제 배 속에서 소화가 일어날 때는 밥이 얼마만 한 크기가 되나요?

포도당의 크기가 된답니다.

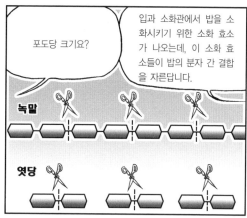

포도당 크기요?

입과 소화관에서 밥을 소화시키기 위한 소화 효소가 나오는데, 이 소화 효소들이 밥의 분자 간 결합을 자른답니다.

녹말

엿당

밥에 많이 들어 있는 녹말의 포도당을 2개씩 잘라 낸 다음 마지막으로 엿당의 포도당 결합을 자르는 것이죠.

그럼 효소가 두 개 필요하겠네요.

맞아요. 첫 번째는 녹말로부터 포도당을 2개씩 잘라 내는 아밀라아제라는 효소가 있고, 두 번째는 엿당을 분해하는 효소로 이름은 말타아제라고 합니다.

그렇군요.

이렇게 잘라진 포도당은 크기가 아주 작아 작은창자의 내벽에서 세포막을 지나 흡수가 일어난답니다.

소화 효소

흡수

소화 효소 –
영양소를 자르는 가위

소화가 잘된다는 의미는 무엇일까요?
소화 효소가 작용하기에 알맞은 조건은 무엇일까요?

4

네 번째 수업

소화 효소 -
영양소를 자르는 가위

파블로프가
네 번째 수업을 시작했다.

소화 효소 이야기를 좀 할까요? 소화가 잘된다는 것은 소화 효소가 잘 작용한다는 말과 같답니다. 소화가 잘되도록 하려면 어떻게 해야 할까요?

오래 씹는 것은 소화 효소의 작용에 도움을 준다

입에는 음식물을 잘게 부수는 이가 있습니다. 음식물을 잘게 부수는 것은 음식물과 소화 효소가 접촉할 수 있는 면적을 넓혀 주기 위한 것입니다. 물론 음식물이 잘게 부서져야 삼킬 수도 있지만요. 다음 그림을 보세요.

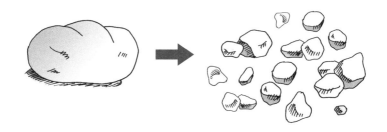

왼쪽 덩어리를 잘게 부숴 오른쪽과 같이 만들었어요. 어느 쪽이 더 표면적이 넓은가요?

__오른쪽이지요!

맞습니다. 이로 씹으면 이처럼 음식물의 표면적이 넓어져서 소화 효소가 작용하기 좋답니다.

밥알을 씹지 말고 입에 넣고 가만히 있어 보세요. 단맛이 조금 나긴 하지요? 그런 다음 물로 입을 헹구세요. 이번에는 밥알을 입에 넣고 좀 오래 씹어 보세요. 단맛이 많이 나지요. 밥알을 씹지 않았을 때와 비교해 보세요.

__단맛이 달라요.

왜 그럴까요? 이로 씹으면 음식물이 잘게 부서져서 침에 있는 소화 효소가 잘 작용하기 때문이랍니다. 즉, 밥알이 부서져서 침의 소화 효소인 아밀라아제와 닿는 표면적이 넓어졌기 때문이지요.

밥을 급하게 먹는 친구들이 있어요. 그러면 소화에 좋지 않답니다. 생각해 보세요. 급하게 먹는다는 것은 오래 씹지 않는다는 의미가 되거든요. 음식물은 입에서 오래 씹어야 소화 효소가 잘 작용할 수 있다는 것을 생각하면 밥은 천천히 먹어야겠지요. 여러 번 씹으면서 말이죠.

소화 효소는 촉매이다

좀 딱딱한 이야기가 될지 모르지만 효소가 무엇인지 이해하고 가도록 하죠. 소화 효소도 효소의 일종이니까요. 효소를 이해하지 않고는 소화 효소도 이해할 수 없다는 생각이 들어요.

효소란 화학 반응이 잘 일어나도록 하는 촉매랍니다. 기억해 두세요.

효소는 화학 반응이 잘 일어나도록 하는 우리 몸의 촉매이다.

소화가 된다는 것은 커다란 영양소가 작은 영양소로 분해되는 과정입니다. 예를 들어, 녹말이 포도당으로 분해되는 과정도 소화입니다. 소화는 화학 반응이랍니다.

녹말 → 엿당 + 엿당 + 엿당

엿당 → 포도당 + 포도당

　그런데 이 화학 반응은 평소에 잘 일어나지 않아요. 쌀밥을 상 위에 올려놓고 그대로 두면 하루가 지나도 물기가 좀 없어지는 것 외에는 별 차이가 없지요? 그러나 밥을 먹어 보세요. 수시간 내에 전부 포도당으로 분해가 된답니다. 즉 화학 반응이 빠르게 일어난다는 것이죠.

　그러므로 소화 효소가 없다면 우리가 아무리 이로 잘게 씹어서 먹는다 해도 우리 몸에 흡수될 정도로 작게 분해되지는 않는답니다.

　방금 전에 밥알을 씹으면 단맛이 난다고 했는데 바로 그것이 화학 반응의 결과랍니다. 즉 밥알의 주성분인 녹말은 단맛이 나지 않아요. 하지만 씹으면 침에 있는 아밀라아제가 작용하여 녹말을 엿당으로 분해하는 것이죠. 그래서 달게 느껴지는 것이랍니다.

그러면 소화 효소가 여러 가지인 이유는 무엇일까요? 한 가지 소화 효소는 단 한 가지 영양소에만 작용을 할 수 있답니다. 영양소마다 분자 구조가 다르기 때문이지요. 따라서 단백질 소화 효소, 지방 소화 효소 등이 다 따로 있답니다.

소화 효소가 작용하기 알맞은 온도가 있다

이번에는 뜨거운 떡과 미지근한 떡을 먹어 봅시다. 어느 쪽이 더 달게 느껴지나요?

＿미지근한 떡이오.

맞습니다. 미지근한 떡이 더 달게 느껴진답니다. 그 이유가 무엇일까요?

소화 효소는 단백질입니다. 그런데 단백질은 열에 약해서 열을 받으면 소화 효소가 일그러진답니다.

여러분, 단백질로 이루어진 달걀흰자를 가열해 보세요. 온도가 60℃ 정도만 되어도 투명하던 흰자가 하얗게 굳어지죠? 단백질이 열에 약하다는 증거랍니다. 소화 효소를 가위라고 생각을 해 보세요. 70~80℃ 되는 뜨거운 떡을 먹으면 단백질인 소화 효소가 변형이 됩니다. 가위가 변형이 되면 잘 잘라

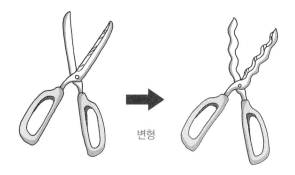

변형

지지 않겠지요?

한국 음식에는 뜨거운 국물이 많아요. 설렁탕, 갈비탕, 대구탕 등 '탕' 자가 들어가는 음식물은 대개 뜨거운 국물이 있지요. 그런데 뜨거운 국물을 많이 마시는 것은 그다지 소화에 도움이 되지 않는답니다. 왜냐하면 뜨거운 온도에서는 소화 효소가 변형이 되거든요. 그러면 소화에 시간이 더 걸릴 게 분명하지요. 국물이 몸속에서 좀 식을 즈음에 소화가 될 테니까요.

또한 국물이 많으면 소화 효소가 묽게 희석되어 소화를 느리게 한답니다. 그러니 탕의 뜨거운 국물을 남김없이 마셔 버리는 것은 소화에 도움이 안 되겠지요?

또, 밥을 먹고 커피나 녹차 등 뜨거운 차를 마시는 경우가 많아요. 차를 마실 경우 천천히 마시는 것이 좋습니다. 너무 뜨거운 차가 위에 들어가면 소화를 지연시키니까요. 반면 천천히 마시면 차에 포함되어 있는 카페인 성분이 소화를 촉진하기도 한답니다.

다음 그래프를 보세요. 소화 효소의 기능과 온도의 관계를 나타낸 것입니다. 소화가 잘 일어나는 온도를 찾아보세요.

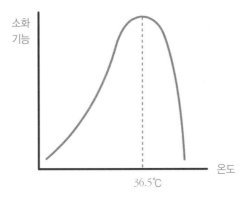

그래프를 보면 온도가 낮으면 소화가 잘되지 않는데, 그 이유는 무엇일까요?

온도가 낮으면 소화 효소가 잘 작용을 못해 분자의 운동이 느려지기 때문입니다. 그래서 소화 효소와 영양소가 만나는 기회가 적어지기 때문이랍니다. 예를 들어, 일주일 굶은 학생 50명이 교실에 있다고 해 봐요. 거의 움직임이 없을 것입니다. 그러면 서로 부딪칠 일도 없고요. 하지만 밥을 충분히 먹은 학생 50명이 교실에서 놀고 있다고 해 봐요. 힘이 넘쳐서 장난하다가 서로 부딪치기 쉽죠.

영양소와 소화 효소도 온도가 낮으면 움직일 힘이 없어져서 서로 만날 기회가 적어진답니다. 그래서 온도가 낮으면 소화가 잘 일어나지 않는 거랍니다.

옛말에 "고기를 먹고 찬물을 마시면 배 속에 벌레가 생긴다."라는 말이 있습니다. 이 말에는 소화에 대한 과학적 지혜가 담겨 있습니다. 고기는 대부분 단백질인데, 단백질은 위에서 소화가 시작됩니다. 그런데 찬물을 마시면 소화가 잘되지 않는답니다. 2가지 이유 때문이죠. 하나는 위의 온도가 소화가 잘되지 않을 정도로 낮아지기 때문입니다. 다른 하나는 소화 효소가 물에 희석되기 때문이랍니다. 그러니 배탈이 나기 쉽죠.

만약 고기를 먹고 바로 아이스크림을 먹고 싶다면, 천천히 입에서 잘 녹여 가며 먹으세요. 그러면 큰 지장은 없을 것입니다.

마음이 편해야 소화 효소가 잘 나온다

자율 신경이란 우리 마음대로 조절이 안 되는 신경입니다.

스스로 조절된다 하여 자율 신경이지요. 자율 신경에는 두 가지가 있답니다. 하나는 교감 신경이고, 다른 하나는 부교감 신경이랍니다.

우리가 긴장하면 소화액이 잘 나오지 않습니다. 그 이유는 긴장하면 교감 신경이 흥분하기 때문입니다. 교감 신경이 흥분하면 소화액이 잘 나오지 않기 때문이죠. 소화액이 잘 나오지 않을 뿐 아니라 소화 운동도 억제된답니다. 우리가 식사를 할 때 지나치게 긴장하거나 근심거리가 있으면 체하는 경우가 생기는데, 바로 이러한 이유에서랍니다.

TV 드라마를 보면 흔히 밥을 먹다 다투는 장면이 많이 나와요. 가정이 화목하지 않은 경우 서로 얼굴을 보지 못하다가 식사 때 만나게 되면 다툼이 생기는 거죠. 다투며 밥을 먹으면 소화가 제대로 될 리 없습니다.

밥을 먹을 때는 되도록 즐거운 생각을 하면서 먹는 것이 좋습니다. 아름다운 음악을 들어도 좋을 것입니다. 가족과 즐거운 이야기를 하면서 먹는다면 더없이 좋겠지요. 그래서 가족 간에 화목한 것은 가족의 건강에도 매우 중요하답니다. 밥을 먹을 때마다 식구끼리 다투거나 아무 말 없이 밥만 먹고 일어선다면 소화 효소가 잘 나올 리 없겠지요.

으악~ 뜨거워!

천천히 마셔야지.

식사 후에 뜨거운 물을 급하게 마시는 것은 소화에 안 좋아요

네? 소화와 뜨거운 물이 무슨 관계가 있나요?

소화 효소는 단백질이랍니다. 그런데 단백질은 열에 약해요. 그래서 열을 받으면 소화 효소가 일그러진답니다.

그럼 찬물을 마시는 것이 좋겠네요?

찬물도 소화에는 별로 도움이 되지 않는답니다.

이유가 뭔가요?

두 가지 이유 때문이죠. 하나는 위의 온도가 소화가 잘되지 않을 정도로 낮아지기 때문이고, 또 하나는 소화 효소가 물에 희석되기 때문이랍니다.

그래서 찬물을 먹으면 배탈이 난다고 하는군요.

소화 기능

36.5℃   온도

그럼 소화가 잘되려면 어떻게 해야 하나요?

마음을 편하게 가져야 한답니다. 우리 몸에는 우리 마음대로 조절이 안 되는 자율 신경이 있습니다.

자율 신경에는 교감 신경과 부교감 신경이 있는데, 우리가 긴장하면 소화액이 나오지 않고 소화 활동도 억제된답니다.

아, 그래서 아무 걱정 없는 제가 소화가 잘되는군요.

그 말은 맞는 것 같다.

입과 식도 –
소화 여행의 시작

음식이 입 안에 들어오면 어떤 일이 일어날까요?
음식이 식도로 들어가면 어떤 일이 일어날까요?

5

다섯 번째 수업

입과 식도―
소화 여행의 시작

파블로프가 마치 여행을 준비하는
사람처럼 들뜬 표정으로
다섯 번째 수업을 시작했다.

소화에 대한 기본적인 지식은 다 이야기했다고 생각합니다. 이제 우리 몸의 각 소화기에 대해 이야기를 하려고 합니다. 입부터 소화관을 따라 여행을 시작해 볼까요?

맛은 코와 혀로 느낀다

우리는 맛을 보는 것으로 식사를 시작합니다. 음식물을 입에 넣고 맛이 어떤지를 우선 판별합니다. 아마도 먹는 즐거움은 음식 맛을 음미하는 데서 오는 게 아닌가 해요.

우리는 혀를 이용하여 맛을 봅니다. 혀에는 맛을 느끼는 세포가 있기 때문입니다. 그런데 맛을 혀로만 느낄까요? 아닙니다. 맛은 코에서도 느낀답니다. 여러분은 학교에서 급식으로 나오는 된장국과 엄마가 끓이는 된장국 냄새를 기억하는지요? 된장국 냄새와 맛이 다르던가요? 거의 같지요? 여러분은 커피 냄새를 맡아 보았는지요? 커피 향과 맛은 거의 같답니다.

친구와 둘이 이런 실험을 해 봅시다. 우선 양파, 감자, 사과를 조그맣게 잘라요. 그런 다음 한 사람은 코를 막고 눈을 감

아요. 다른 사람은 양파, 감자, 사과를 집어서 맛을 보게 해요. 그리고 무엇을 맛보고 있는지 말하게 하는 거예요. 구분을 잘하는가요?

코를 막으면 맛을 잘 느끼지 못한답니다. 특히 냄새가 강한 음식물일수록 코를 막으면 더 맛을 느끼기가 어렵지요. 평소 느끼던 맛과 너무 다르기 때문입니다. 여러분은 감기에 걸렸을 때 음식 맛을 잘 느끼지 못했던 것을 기억할 것입니다. 한 번쯤은 다 경험해 봤겠지요. 코가 음식 맛을 느끼는 데 중요하다는 것을 잘 알려 주는 현상이랍니다. 우리의 대뇌는 코와 혀에서 받아들인 맛의 자극을 종합하여 판단을 하기 때문입니다.

이는 식성에 따라 다르게 발달한다

동물의 식성은 초식과 육식, 그리고 잡식으로 구분합니다. 그리고 식성에 따라 이가 다르게 발달합니다. 이는 앞니, 송곳니, 작은어금니, 어금니로 나눕니다.

일반적으로 앞니는 자르고, 써는 데 사용합니다. 송곳니는 찌르고, 찢는 데 사용하며 어금니는 깎고, 부수고, 가는 데 사용한답니다.

그러면 생각해 보세요. 초식 동물은 어떤 이빨이 발달해 있을까요? 초식 동물은 나뭇잎이나 풀을 뜯어야 하기 때문에 앞니가 발달해 있습니다. 그리고 질긴 풀을 씹고 갈아야 하기 때문에 어금니가 발달해 있지요.

반면에 육식 동물은 먹이를 잡아먹기 위해 날카로운 송곳

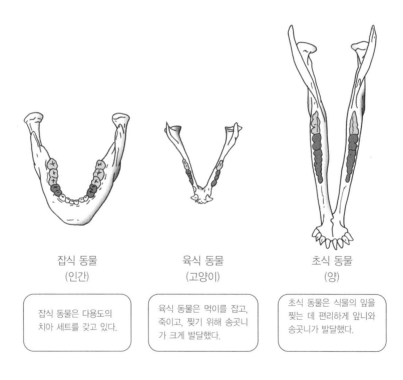

잡식 동물
(인간)

육식 동물
(고양이)

초식 동물
(양)

잡식 동물은 다용도의 치아 세트를 갖고 있다.

육식 동물은 먹이를 잡고, 죽이고, 찢기 위해 송곳니가 크게 발달했다.

초식 동물은 식물의 잎을 찢는 데 편리하게 앞니와 송곳니가 발달했다.

잡식, 육식, 초식 동물의 아래턱과 이 구조

니가 발달해 있답니다. 사람과 같은 잡식 동물은 이의 발달도 초식과 육식 동물의 중간 형태를 하고 있답니다.

여러분의 이를 거울을 보며 한번 만져 보기 바랍니다. 앞니, 송곳니, 어금니가 고루 발달한 것을 볼 수 있을 것입니다. 혹시 집에 고양이가 있다면 고양이의 송곳니를 한번 살펴 보세요. 고양이는 육식에 가까워 송곳니가 발달해 있답니다.

침은 반사적으로 나온다

입안에는 혀 아래, 귀 아래, 어금니 쪽에 침샘이 있습니다. 침의 분비를 조절하는 것은 자율 신경입니다. 침샘에서 침이 분비되도록 하는 것은 부교감 신경이랍니다. 우리가 음식을 먹을 때, 혹은 맛있는 음식을 떠올리거나 냄새를 맡을 때 침이 나오는 것은 다 부교감 신경의 역할이랍니다.

실험을 하나 소개하겠습니다. 개에게 먹이를 주면 침샘에서 침이 나옵니다. 개에게 종을 칠 때마다 먹이를 주었습니다. 그랬더니 나중에는 종만 쳐도 침샘에서 침이 나왔습니다. 개는 종소리만 들리면 음식이 나온다는 것을 경험적으로 알게 되고, 이 경험이 무의식적으로 침샘에서 침이 나오도록

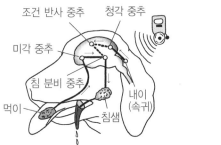
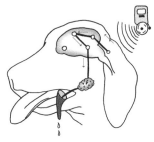

조건 반사 중추　청각 중추

미각 중추

침 분비 중추

먹이　　침샘

내이
(속귀)

파블로프의 조건 반사 실험

부교감 신경을 흥분시켰기 때문입니다.

즉, 뇌에서 소리를 듣는 부분의 정보가 바로 뇌의 침을 분비하도록 하는 부분에 전달되도록 회로가 생긴 것이죠. 이러한 현상을 조건 반사라고 한답니다.

귤을 보면 자기도 모르게 침이 나오는 현상도 조건 반사에 해당합니다. 귤을 먹으면 시다는 것을 경험적으로 알게 되었고, 그 시각적 경험이 침 분비를 지배하는 뇌에 전달되어 침이 분비되는 것입니다. 그러면 음식을 맛보면 침이 나오는 것도 조건 반사일까요? 이것은 무조건 반사에 해당합니다. 경험이 없더라도 반사적으로 침이 나오는 것입니다.

한편 침이 잘 나오지 않게 되는 경우도 있지요. 여러분이 아주 긴장했을 때 입안에 침이 마르죠? 왜 그럴까요? 그것은 교감 신경이 흥분하기 때문이랍니다. 우리가 긴장을 하면 모든 교감 신경이 흥분하게 됩니다. 그중에서 침샘에 연결되는 교감 신경이 침의 분비를 억제하는 것이랍니다.

　이런 것을 생각하면 마음이 편안해야 침 분비가 잘되는 것을 알 수 있습니다. 그래야 소화도 잘될 것입니다. 지난 시간에 이야기했었지요? 마음이 편안해야 소화 효소가 잘 나온다고요.

평소에 식도로 내려가는 문은 닫혀 있다

　우리는 늘 숨을 쉽니다. 한시라도 숨을 안 쉬면 살 수 없으니 코에서 폐로 가는 기도는 항상 열려 있답니다. 그러나 음식물을 삼킬 때는 음식물이 기도로 들어가지 못하게 막아야 합니다.

　침을 삼키는 것과 숨 쉬는 것을 동시에 할 수 있을까요? 여러분 한번 해 보세요. 안 되지요? 기도에는 문이 있어서 음식을 삼킬 때는 기도를 막아 주기 때문입니다. 음식물이 기도로 넘어가면 어찌 될까요? 기침이 심하게 나서 그것들을 내보내게 된답니다.

물을 마시다가 웃으면 순간적으로 기도가 열려 물이 기도로 넘어가기도 하지요? 또는 배고프다고 허겁지겁 밥을 먹다가 밥알이 기도로 넘어가기도 하고요. 그러면 몹시 기침이 나고 정신이 없지요. 다음 그림을 보세요. 음식물이 넘어갈 때 기도의 문이 닫히는 것이 보이지요?

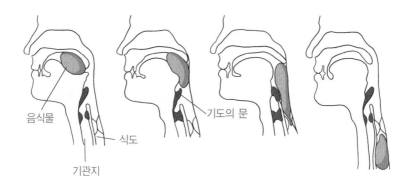

음식물이 넘어갈 때 기도 문의 모양

식도의 운동은 치약을 짜내는 것과 같다

식도는 음식물을 아래로 내려보내는 역할을 한답니다. 식도의 운동은 무의식적인 운동입니다. 다음 그림을 보세요. 마치 치약을 짜내는 것과 같이 아래로 내려보내는 운동이 일어나지요?

이러한 운동을 꿈틀 운동(연동 운동) 이라고 한답니다. 식도의 이러한 운동 때문에 누워 있어도 음식물이 위가 있는 쪽으로 이동할 수 있답니다. 물구나무를 서도 음식물이 위가 있는 쪽으로 간다고 하지요? 여러분이 한번 실험해 보기 바랍니다.

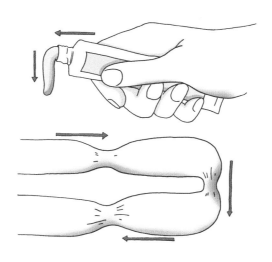

치약을 짜는 것과 유사한 소화관의 꿈틀 운동

이러한 운동은 작은창자에서도 잘 일어나지요.

어떤 사람은 식도의 운동을 담당하는 근육이 너무 강하게 수축하는 경우가 있지요. 이런 경우를 '호두까기 식도'라고 하지요. 식도가 얼마나 강하게 수축하는지 호두를 깔 지경이라는 거죠. 재미있다고요? 그러나 이런 사람은 가슴에 심한 통증이 있답니다. 그래서 마치 심장병이 있는 것으로 착각하게 된답니다. 협심증이라는 심장병이 있는데 가슴을 세게 조이는 것 같은 통증을 일으키거든요.

식도의 맨 아래에는 괄약근(조임근)이라는 근육이 있어요. 이 근육이 가장 발달한 곳이 어딜까요? 바로 항문이랍니다. 괄약근이 무엇인지 알겠지요?

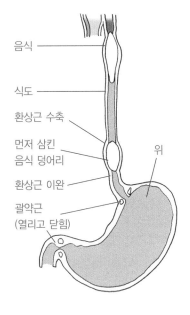

음식

식도

환상근 수축

먼저 삼킨
음식 덩어리

환상근 이완

괄약근
(열리고 닫힘)

위

식도의 운동

음식물이 내려갈 때만 이 괄약근을 풀어서 위로 음식물이 들어가게 하고 평상시에는 오므리고 있답니다. 이 근육이 평상시에 오므려지지 않고 있으면 어떻게 될까요? 위에 있는 염산이 열려 있는 식도로 거꾸로 흐르게 되어 신물이 넘어오는 것을 느낀답니다. 그리고 역류한 위산에 의해 식도가 상하기도 하고요. 식도는 위처럼 안쪽 벽이 튼튼하지 못하거든요. 특히 누워서 잠잘 때 역류가 일어나면 폐로 내용물이 흘러 들어가 폐가 상하기도 한답니다.

그렇게 식사 후에 바로 누워 있으면 안 좋아.

괜찮아, 나는 소화가 잘되거든.

선생님 저렇게 누워 있어도 음식물이 위로 갈 수 있는 거죠?

우리 몸의 식도에서는 음식물을 아래로 내려 보내는 운동을 하는데, 이를 꿈틀 운동(연동 운동)이라고 합니다.

꿈틀 운동이요?

마치 치약을 짜내는 것과 같은 모습이랍니다. 이 꿈틀 운동으로 누워 있거나 물구나무를 서도 음식물이 위쪽으로 이동할 수 있는 것입니다.

또한 식도의 맨 아래에는 괄약근이라는 근육이 있어요. 이 근육이 가장 발달된 곳이 어딜까요?

좀 말하기 그렇지만, 항문 아닌가요?

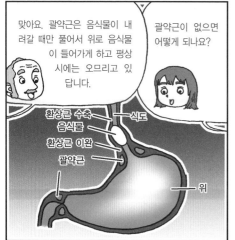

맞아요. 괄약근은 음식물이 내려갈 때만 풀어서 위로 음식물이 들어가게 하고 평상시에는 오므리고 있답니다.

괄약근이 없으면 어떻게 되나요?

환상근 수축
음식물
식도
환상근 이완
괄약근
위

위에 있는 염산이 열려 있는 식도로 거꾸로 흐르게 되어 신물이 넘어오는 것을 느끼며, 위산에 의해 식도가 상할 수 있답니다.

괄약근이 참 중요한 일을 하는군요.

위의 연구 –
우연한 총기 사고

위에서의 소화에 대한 연구는 어떻게 시작되었을까요?
'배에 뚜껑이 있는 사람'을 소개합니다.

6

파블로프가 뭔가 재미있는 이야기를
하려는 듯 눈빛을 빛내며
여섯 번째 수업을 시작했다.

소화관을 따라가는 여행을 잠시 쉬고, 이야기를 하나 하
지요.

캐나다와 인접한 미국 미시간 주 북쪽에는 매키낵이라는 작
은 섬이 있답니다. 미시간 주에서 가장 북쪽이지요. 이곳은
미국 역사의 초기부터 매우 중요하게 여겼기 때문에 유적이
많고, 오래된 아름다운 집들이 푸른 언덕 위에 그림처럼 펼
쳐져 있지요.

호숫가로 섬을 한 바퀴 돌 수 있는 도로가 나 있는데, 이 도
로에는 말과 자전거만 다닐 수 있답니다. 섬을 자전거로 한

바퀴 도는 데 약 1시간 30분 걸리지요. 한쪽에는 울창한 숲이, 한쪽에는 하얀 자갈밭과 코발트빛 호수가 펼쳐지는 길을 자전거를 타고 가노라면 여기가 바로 낙원이 아닐까 하는 느낌을 갖게 된답니다.

1822년 아침, 아름다운 이 섬에서 총성이 울렸습니다. 모피 회사의 물건을 거래하는 집에서 알렉시스 마르탱이라는 청년이 총에 맞은 것입니다. 마르탱은 프랑스에서 온 캐나다 선원이었는데, 어떤 사람이 실수로 쏜 총에 가슴 아래를 맞고 말았답니다.

당시 이 섬에는 유일한 의사가 있었는데, 버먼트라는 이름의 젊은 군의관이었습니다. 버먼트가 연락을 받고 달려와서 살펴보았을 때 마르탱의 상처는 너무나 참혹하였습니다. 총구에서 불과 90cm 앞에서 총을 맞았으니 그럴 수밖에 없었지요. 구멍 뚫린 위에서는 소화가 되다 만 음식물이 나오고, 상처에서 나온 피가 범벅이 되어 있었습니다.

총에 맞은 마르탱은 거의 정신을 잃은 상태였습니다. 버먼트는 상처를 소독하고 씻어 낸 뒤 치료를 했습니다. 그러면서도 속으로는 아마도 36시간 내에 죽을 거라고 생각했습니다.

그러나 기적적으로 마르탱의 상처는 점점 회복되기 시작했습니다. 아마도 생명력이 왕성한 청년이었나 봅니다.

버먼트는 마르탱에게 왕진을 갈 때마다 상처가 조금씩 회복되는 것을 보고 굉장히 기뻐했습니다. 상처는 아물기 시작했고 새살이 돋아났으며, 5주가 되었을 무렵에는 상처 깊은 곳에도 새살이 돋기 시작했습니다. 마르탱에게는 깊은 상처를 회복해 가야 하는 고통스러운 한 해였지만, 의사 버먼트에게는 놀라운 생명력에 의해 상처가 회복되어 가는 것을 자세히 볼 수 있는 한 해였습니다.

그러던 버먼트에게 자신의 이름을 길이 남길 수 있는 기회가 예상치 않게 찾아왔답니다. 마르탱의 상처가 회복되긴 했어도 위 내부를 들여다볼 수 있을 만큼 큰 구멍이 메워지지 않았던 것입니다. 물론 뚜껑과 같은 막으로 덮여 있긴 했지만 말입니다. 마르탱은 그래서 '배에 뚜껑이 있는 사람'이라고 불렸답니다. 배의 막을 살짝 밀어서 열면, 위의 내용물이 그 구멍을 통해 뚜렷이 보였답니다.

버먼트는 훗날 자신이 쓴 책에서 "나는 지금껏 누구도 보지 못했던 위의 내부와 분비물을 검사할 수 있는 기회를 얻었다."라고 말했습니다.

18세기의 학자 스팔란차니(Lazzaro Spallanzani, 1729~1779)는 음식물이 어떻게 소화되는지 알아보기 위하여 먹은 음식물을 일부러 토하여 관찰하고, 토한 음식물을 다시 먹은 다음 또다시 토하여 관찰하였다는 일화가 있지요. 스팔란차니가 만일 마르탱이라는 청년을 만났다면 얼마나 기뻐했을까 하는 생각이 들어요. 아무튼 버먼트에게는 굉장한 행운이었지요.

전문적으로 소화 생리를 연구하는 학자는 아니었으나, 버먼트는 무한한 호기심과 끈기를 가지고 배에 난 구멍을 통해 위를 연구하기 시작했습니다.

갈증과 배고픔, 감정적인 변화, 술을 마셨을 때, 아침과 밤, 맑은 날과 비 오는 날 등 여러 상황에서 위가 어떤 소화력을 발휘하는지 연구하였습니다. 고기를 실에 매달아 마르탱의 배에 난 구멍에 넣고 시간마다 꺼내 보면서 소화의 순서를 알아보기도 하였고요. 또 소화액을 받아 내어 위 밖에서 온도를 바꿔 가며 실험을 했답니다. 버먼트가 한 실험은 수백 가지가 넘는 것으로 알려져 있답니다. 아예 마르탱을 자기 집에 데려다 놓고 연구를 할 정도였지요.

그래서 그의 연구는 위의 소화에 대한 연구의 기초가 되었습니다. 오늘날 우리가 알고 있는 '위에서는 염산이 분비되고, 단백질이 분해된다'는 사실은 다 버먼트가 알아낸 것이랍니다. 위에 관한 모든 연구는 버먼트의 연구를 토대로 진행

되었다고 보아도 좋을 만큼 그의 연구는 정확하고 오류가 없다고 합니다.

상처가 나고 5년 뒤 버먼트의 실험 대상자였던 마르탱은 더 이상 연구 대상이 되는 것이 싫어 버먼트를 떠났다고 해요. 아니 떠난 게 아니라 몰래 도망갔다고 전해집니다. 그도 그럴 것이 마르탱의 실험 대상이 되는 것은 참 귀찮은 일이었을 것입니다. 생각해 보세요. 하나의 실험을 하기 위해서는 한 시간 아니 몇 시간씩 붙잡혀 있어야 했으니 그럴 만도 하지 않겠어요?

그러나 또 4년이 지난 후 버먼트는 마르탱을 찾아 설득하여 다시 실험을 계속하였답니다. 그러나 그 후에도 마르탱은 여러 번 버먼트를 떠났고, 버먼트는 매번 마르탱을 붙잡아 두기 위해 애를 써야 했답니다. 봉급을 주며 집안일을 하도록 고용하기도 하면서요. 마르탱이 자발적으로 실험에 참여한 것이 아니었거든요. 마르탱은 좋아했건 싫어했건 훌륭한 실험 자료를 제공하였고, 버먼트는 기회를 놓치지 않고 역사에 길이 남을 위에 대한 실험 결과를 얻었습니다.

마르탱은 여러 명의 자녀를 두었고, 놀랍게도 여든세 살까지 살았답니다. 자신을 실험했던 버먼트보다 더 오래 살았지요. 위에 난 구멍이 그의 건강에 좋지 않은 영향을 주었다는 기록은

전혀 없답니다.

마르탱의 아내는 남편이 죽었을 때 시신에 누구도 손을 대지 못하게 했답니다. 살아 있을 때 '배에 뚜껑이 있는 사람'이라고 불리며 사람들의 호기심의 대상이 되었기 때문에 더 이상 남편이 관심 받는 것을 싫어했을 것입니다. 어떤 학자도 남편의 시신에 손대지 못하도록 집에 시신을 보관하다가 나중에는 다른 사람이 손을 대지 못하도록 땅을 아주 깊게 파서 묻었답니다.

아무튼 위에서의 소화에 대한 연구는 이렇게 우연한 기회에 시작되었답니다. 다른 많은 과학적 발견이 우연히 이뤄진 것과 마찬가지로 말입니다. 버먼트의 이야기를 들으면 혹 이렇게 말하는 사람도 있을지 모르겠네요. '나에게도 그런 기회가 주어진다면 버먼트처럼 연구할 수 있을 것이다.'

물론 버먼트가 얻은 기회가 좋았다는 것은 인정합니다. 그러나 기회가 주어진다고 누구나 버먼트와 같이 그렇게 치밀하고도 끈기 있게 실험할 수 있을까요? 아마도 그럴 사람은 많지 않을 것입니다. 버먼트는 자신에게 주어진 기회를 잘 포착하여 노력을 쏟아부은 것입니다.

주어진 기회를 어떻게 활용하느냐는 어떤 기회가 주어지느냐는 것에 못지않게 중요하다는 교훈을 버먼트의 실험 이야기로부터 얻을 수 있겠지요.

기회라는 말을 하다 보니 파스퇴르가 한 말이 기억납니다.

"기회는 준비된 사람을 좋아한다."

기회는 자신을 잘 준비시키고 있는 사람에게 찾아온답니다. 여러분도 잘 준비하면 기회가 찾아올 거예요.

오늘 재미있는 이야기를 해 줄게요. 배에 뚜껑이 있는 남자 이야기입니다.

배에 뚜껑이 있다고요?

안 믿어지는데요.

1822년 총에 맞은 마르탱이라는 청년이 있었습니다. 이 섬에는 유일한 의사가 있었는데, 버먼트라는 군의관이었습니다.

위까지 구멍이 났잖아!

기적적으로 마르탱의 상처는 점점 회복되기 시작했습니다. 아마도 생명력이 왕성한 청년이었나 봅니다.

네, 선생님 많이 좋아지고 있어요.

그래, 좀 상처는 괜찮은가?

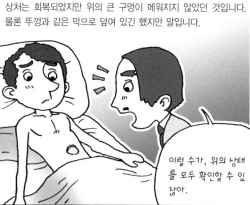

상처는 회복되었지만 위의 큰 구멍이 메워지지 않았던 것입니다. 물론 뚜껑과 같은 막으로 덮여 있긴 했지만 말입니다.

이럴 수가, 위의 상태를 모두 확인할 수 있잖아.

위에서는 염산이 분비되고, 단백질이 분해된다는 사실은 다 버먼트가 알아낸 것이랍니다.

나는 지금껏 누구도 보지 못한 위의 내부와 분비물을 검사할 수 있는 기회를 얻었어.

그런데 선생님, 마르탱이라는 청년은 어떻게 되었나요?

마르탱은 놀랍게도 여러 명의 자녀를 두고 83세까지 살았답니다. 자신을 실험했던 버먼트보다 더 오래 살았지요.

재미있는 이야기네요.

7

위의 기능 – 살균과 소화

살균과 단백질을 소화하는 위의 기능에 대해 알아봅시다.
사람도 되새김질을 할 수 있을까요?

일곱 번째 수업

위의 기능─
살균과 소화

파블로프가
허준에 대한 일화로
일곱 번째 수업을 시작했다.

    오늘 수업을 준비하다 보니 조선 시대의 명의 허준이 생각 났습니다. 허준의 스승 유의태는 죽은 다음 허준으로 하여금 자신의 시신을 해부하여 내장 기관을 보고 연구하도록 했다 는 전설 같은 이야기가 있습니다. 물론 유의태가 허준의 스 승이 아니라는 이야기도 있고, 또 조선 시대에 제자가 스승 의 시신을 해부하였다는 것도 믿기 어렵지만, 사실인지 아닌 지를 떠나서 스승과 제자의 사랑이 진하게 와 닿는 아름다운 이야기라고 생각했습니다. 여러분은 선생님의 사랑을 얼마 나 받고 있는지요?

위는 커다란 주머니입니다. 비어 있는 위에 공기를 집어넣어 보면 1,500~2,000mL가 들어가지요. 생각해 보세요. 밥 한 그릇, 국 한 그릇, 그리고 반찬, 게다가 후식으로 먹는 과일까지. 무진장 들어가지요? 그렇다고 과식을 하면 안 돼요. 위가 너무 늘어나서 힘들어하거든요.

다음 그림을 보세요. 위의 상단부에는 지난 시간에 이야기했던 괄약근이 있고요, 맨 아래에도 괄약근이 있어요. 위쪽 괄약근을 들문 괄약근, 아래쪽 괄약근을 날문 괄약근이라 하지요.

위는 크게 위쪽과 아래쪽, 두 부분으로 나눌 수 있지요. 윗부분은 음식물의 임시 창고와 같아요. 먹이를 많이 먹은 다

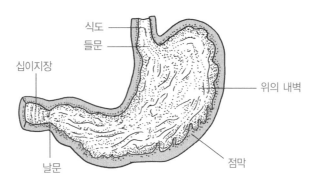

위의 구조

음, 조용한 곳에서 안전하게 소화시키는 데 도움이 되는 부분이지요. 그리고 아랫부분은 활발한 위 운동으로 음식물이 더 잘게 부서지는 부분이랍니다. 그래서 음식물이 위를 떠날 때는 1mm 이하의 작은 덩어리가 되지요.

위에서는 음식물이 소독된다

버먼트는 실험 결과, 음식물이 위에 들어가면 산성 물질이 나온다는 것을 알게 되었죠. 위벽에서는 하루에 1.5~2.5L 정도의 위액이 분출된답니다. 상당히 많은 양이지요. 위액에는 염산이 들어 있기 때문에 위액은 산성입니다. 위에서 분비되는 염산은 상당히 강한 산성이랍니다.

그러나 위벽에는 점막이 형성되어 있어 강한 염산으로부터 위벽이 보호를 받지요. 염산이 하는 일은 우선 살균하는 작용입니다. 음식물에는 많은 세균이 포함되어 있는데, 염산이 그 세균들을 죽인답니다. 소독을 하는 것이지요.

만일 염산이 나와서 소독을 하지 않는다면 어떤 문제가 생길지 생각해 보세요. 위의 음식물이 상할 것입니다. 위는 따뜻하고 영양분이 풍부하기 때문에 세균이 번식하기에 참 좋

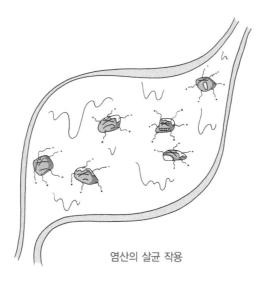

염산의 살균 작용

은 환경인 것입니다. 다행히 염산이 나와서 소독을 해 줍니다. 우리 몸이 얼마나 치밀한지를 알려 주는 대목이지요.

위에서는 단백질이 소화된다

염산이 하는 일은 살균 이외에도 또 있습니다. 위에서는 펩신이라는 단백질 효소가 작용을 하는데, 이 효소는 원래 펩시노젠이라는 소화 기능이 없는 상태로 분비된답니다. 이것이 무엇이냐면 '자물쇠가 채워진 펩신'이라고 이해하면 됩니다. 마치 가위에 자물쇠가 잠겨 있는 것처럼 말입니다.

이 자물쇠는 왜 채워져 있을까요? 자물쇠를 채워 놓지 않으면 펩신이 자기 자신을 만드는 세포의 단백질을 분해하기 때문입니다. 그러니 펩신은 아주 '위험한 가위'인 셈이죠. 그래서 단백질 소화 효소는 자물쇠가 채워진 상태로 분비된답니다. 자물쇠가 채워진 펩신은 염산에 의해 자물쇠가 열립니다. 그때야 비로소 단백질을 소화시킬 수 있답니다.

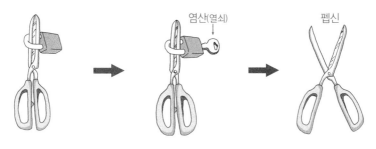

자물쇠가 채워진 펩신

자물쇠가 열린 펩신은 단백질을 소화시킨답니다. 펩신이라는 말은 여러분이 앞으로 생물 시간에 소화 단원을 공부할 때 반드시 나오니 잘 알아 두었으면 합니다. 펩신이 하는 일은 커다란 단백질을 대충 자르는 것이지요. '칼로 무 자르듯이' 합니다. 그러면 위를 지나 작은창자로 내려가면서 점점 작게 잘라지고 마침내 아미노산이라는 작은 분자로 된답니다.

그렇다면 위벽에도 단백질이 있을 텐데, 위벽은 펩신에 의해 손상이 될까요?

위에 나와서는 펩신의 자물쇠를 풀어도 된답니다. 왜냐하면 위 내벽은 점액에 의해 보호되기 때문입니다. 점액은 단백질 소화 효소로 분해되지 않거든요.

사람은 되새김질을 하지 못한다

내가 아주 어릴 적에 궁금한 것이 하나 있었습니다. 소는 항상 입을 쉬지 않고 무언가를 씹는 거예요. 이상하게 생각되었죠. 앞에 먹이가 없어도 편안히 앉아서 껌을 씹듯이 항상 입을 움직이는 거예요. 나중에 그것이 되새김질이라는 사실을 알게 되었죠. 되새김질이란, 말 그대로 이미 위로 들어갔던 먹이를 게워 내어 다시 씹는 것입니다.

한 번에 잘 씹어 먹을 일이지 지저분하게 다시 게워 내어 씹는가 하고 의아하게 생각할 수도 있어요. 하지만 소는 위 구조가 사람과 다르답니다.

여기서 소의 위 생김새를 말하기에 앞서 소와 같은 초식 동물이 먹는 먹이가 무엇인지 생각해 볼 필요가 있을 것 같네요.

초식 동물이 먹는 먹이는 대개는 나뭇잎이나 풀이지요. 섬유소가 아주 많고 뻣뻣하면서 거친 음식이랍니다. 섬유질은 먹기에도 질길 뿐 아니라 초식 동물이 스스로 소화를 시키지 못하는 셀룰로오스라는 물질로 되어 있어요. 그러니까 여러분이 사용하는 나무 책상이나 종이가 다 셀룰로오스랍니다. 이렇게 씹기도 어렵고 소화도 잘되지 않는 섬유질을 먹는 초식 동물은 미생물과 더불어 소화 작용을 하는 지혜를 가지게 되었답니다. 즉, 소화 작용을 하는 데 위 속에 사는 미생물과 합동 작전을 펼치기로 한 것이죠.

소와 같은 초식 동물의 위는 혹위, 벌집위, 겹주름위, 주름위의 4가지로 되어 있답니다.

일단 소가 풀을 먹어요. 그러면 먹이가 혹위로 들어갑니다. 혹위에는 많은 미생물이 살아요. 이 미생물은 소가 소화시키지 못하는 섬유질을 분해합니다. 섬유질이란 실 같은 물질을 말해요. 김치를 먹으면 실 같은 것이 씹히지요? 섬유질이란 바로 그런 것이라고 생각하면 된답니다.

미생물은 소가 먹는 섬유질을 분해하여 영양소를 얻어요. 소는 미생물이 분해하여 만들어 놓은 영양소를 이용하지요. 일종의 공생 관계라고 볼 수 있어요. 더불어 이익을 얻으며 사는 것이죠.

그런데 혹위에서 먹이가 다 분해되는 것은 아니고, 혹위에서 어느 정도 분해된 먹이를 다시 게워 낸답니다. 소가 먹이를 다시 게워 낼 수 있는 것은 사람과 달리 식도 운동을 자유롭게 조절할 수 있기 때문입니다. 즉 아래로 내려 보낼 수도 있고, 위로 올려 보낼 수도 있는 거예요.

　다시 게워 낸 먹이는 씹어서 다시 벌집위로 보낸답니다. 소가 잘게 씹어 놓으면 미생물은 더 신이 나서 섬유질을 분해하는 것입니다. 먹이가 혹위와 벌집위를 지나는 동안 섬유질이 소화되고, 섬유질이 소화된 먹이가 겹주름위를 지나는 동안

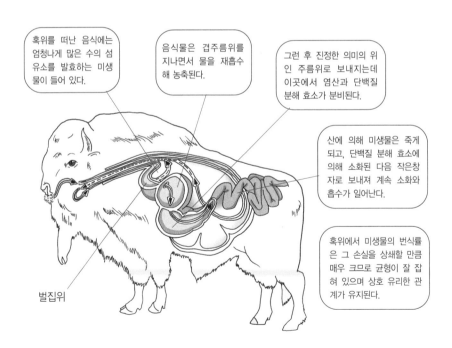

혹위를 떠난 음식에는 엄청나게 많은 수의 섬유소를 발효하는 미생물이 들어 있다.

음식물은 겹주름위를 지나면서 물을 재흡수해 농축된다.

그런 후 진정한 의미의 위인 주름위로 보내지는데 이곳에서 염산과 단백질 분해 효소가 분비된다.

산에 의해 미생물은 죽게 되고, 단백질 분해 효소에 의해 소화된 다음 작은창자로 보내져 계속 소화와 흡수가 일어난다.

혹위에서 미생물의 번식률은 그 손실을 상쇄할 만큼 매우 크므로 균형이 잘 잡혀 있으며 상호 유리한 관계가 유지된다.

벌집위

물이 흡수되지요. 그리고 겹주름위를 지나면 사람의 위에 해당하는 진정한 위인 주름위에 도달하게 된답니다.

사람의 소화와 소의 소화를 비교하여 보면 소의 경우는 음식이 위에 도달하기 전에 섬유질을 소화시키기 위해 혹위와 벌집위 등을 통과시키는 점이 다른 것이죠.

보기에는 좀 그렇지만 사람도 되새김질을 할 수 있다면 얼마나 좋을까 하는 생각이 들 때가 있답니다. 지금도 배고픔에 시달리는 전 세계의 어린이들을 생각해 보세요. 되새김질을 할 수 있다면 들에 있는 풀이나 나무를 마음대로 먹을 수 있지 않겠어요? 미생물이 소화를 시켜 주니까요. 그렇다면 식량난은 저절로 해결될 수 있겠지요? 더 이상 어린이들이 굶주림에 시달리지 않아도 되겠지요? 부모님들도 더 이상 배고픈 어린 자녀를 보며 마음 아파하지 않아도 되고요.

그러면 음식물과 함께 위로 내려간 미생물은 어떻게 될까요? 소의 소화 효소에 의해 소화된답니다. 소는 미생물을 소화함으로써 하루에 100g 이상의 단백질을 얻을 수 있다고 해요. 그러므로 소의 혹위와 벌집위에 사는 미생물들은 먹이를 얻는 대신 자신들의 일부를 자기의 숙주에게 바치는 셈이 되는 거랍니다. 그리고 또 나머지 살아남은 미생물들이 맹렬하게 분해하기 때문에 소의 혹위에 있는 미생물의 수는 줄어들지 않고 적당한 수를 유지한답니다.

미생물들이 혹위에서 소의 먹이를 분해하는 것은 발효에 해당합니다. 마치 유산균이 김치에 번식하는 것과 비슷한 현상입니다. 그런데 발효 과정에서 메탄이 많이 나옵니다. 소 한 마리가 하루에 400 L 정도의 메탄을 트림으로 방출한다고 하니 놀랍기만 합니다. 그래서 소가 방출하는 메탄이 온실 효과의 주범 중 하나라는 주장도 있답니다.

예를 들어 1,000마리의 소를 기르는 대규모 목장이 있다고 해 봐요. 하루에 40만 L의 메탄이 대기로 방출되어 나오는 것이죠. 지구상의 모든 소를 합한다고 생각해 보세요. 그 양은 어마어마할 거예요. 소가 방출하는 메탄을 다 모을 수만 있다면 아주 훌륭한 에너지원이 되지 않을까요?

기름진 음식은 늦게 내려간다

여러분은 고기를 먹으면 오랫동안 속이 든든한 것을 경험하였을 거예요. 특히 양식을 먹었을 때 그런 경험을 하게 되지요. 하지만 국수를 먹으면 잠시 후에 배가 고프다고 하지요. 흔히 '배가 쉽게 꺼진다'는 표현을 쓰지요. 먹고 돌아서면

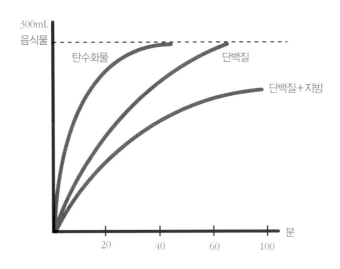

배가 고파진다는 말도 하고요. 이런 이유는 음식물의 종류에 따라 위에서 십이지장으로 내려가는 시간이 다르기 때문이랍니다. 국수처럼 탄수화물이 주성분인 음식물은 빠른 시간 내에 위에서 내려갑니다. 단백질이 풍부한 음식물은 좀 더 천천히 내려가고, 지방이 많은 음식물이 가장 늦게 내려간답니다.

다음 그래프는 300 mL 정도 부피의 탄수화물, 단백질, 그리고 단백질과 지방이 섞인 3가지 음식물을 죽으로 만들어 먹었을 때 위로부터 나가는 시간을 나타낸 것입니다.

탄수화물을 먹었을 때는 40분 정도면 거의 내려가지만, 지방이 섞인 음식은 1시간 30분이 지나도 다 내려가지 못하는 것을 볼 수 있지요.

그래서 어떤 사람들은 술을 마시기 전에 지방이 많은 우유, 크림 등을 먹기도 하지요. 지방을 먹으면 위의 날문을 천천히 열기 때문에 알코올이 위에 오래 머물게 된다는 것이지요. 그러면 알코올의 흡수가 위보다 빨리 일어나는 작은창자에 알코올이 천천히 도달하게 되어 술에 갑자기 취하는 것을 막을 수 있다는 생각에서지요. 적당량의 알코올은 위 점막을 자극하여 소화액 분비를 촉진해 식욕을 일으키고 소화에 도움이 된다는 사실은 오래전부터 알려져 왔답니다.

만화로 본문 읽기

선생님, 위액에는 염산이 들어 있다고 하던데, 염산은 강한 산 아닌가요?

그래서 위벽에는 점막이 형성되어 강한 염산으로부터 위벽을 보호하지요.

그럼 염산이 하는 일은 무엇인가요?

우선 살균하는 작용을 해요. 음식물에는 많은 세균이 포함되어 있는데 염산이 그 세균들을 죽이고 소독하지요.

염산이 세균이 번식하기 좋은 환경인 위를 소독해 주는 것이군요. 우리 몸은 정말 치밀한데요.

염산이 하는 일은 살균 외에도 또 있어요.

난 세균을 죽이는 청소부

어떤 것이죠?

위에서는 자물쇠가 채워진 펩신이라는 단백질 효소가 분비되는데, 펩신은 염산에 의해 자물쇠가 벗겨진답니다. 그때야 비로소 단백질을 소화시킬 수 있지요.

펩신

파~

염산(열쇠)

자물쇠는 왜 채워져 있는 건데요?

자물쇠를 채워 놓지 않으면 펩신이 자신을 만드는 세포의 단백질을 분해하기 때문이지요. 그래서 단백질 소화 효소는 자물쇠가 채워진 상태로 분비된답니다.

자물쇠를 풀면 다쳐!

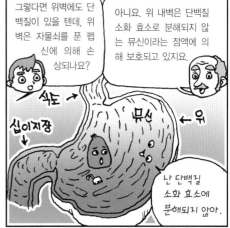

그렇다면 위벽에도 단백질이 있을 텐데, 위벽은 자물쇠를 푼 펩신에 의해 손상되나요?

아니요. 위 내벽은 단백질 소화 효소로 분해되지 않는 뮤신이라는 점액에 의해 보호되고 있지요.

식도

십이지장

뮤신

위

난 단백질 소화 효소에 분해되지 않아.

위에 사는 세균 –
헬리코박터 파일로리

위궤양과 위염은 왜 생길까요?
위암이 발생하는 이유는 무엇일까요?

8

위에 사는 세균－
헬리코박터 파일로리

파블로프의 여덟 번째 수업은
위에 생기는 병에 관한 내용이었다.

이번 시간에는 위에 생기는 병에 대해 생각해 보려고 해요.
위가 건강해야 음식물을 잘 받아들이고 몸도 건강할 수 있습
니다. 특히 위의 질병은 자신의 건강을 위해 알아 두었으면
해요. 특히 부모님도 함께 알았으면 합니다.

위에도 세균이 산다

위에는 강한 산인 염산이 분비되기 때문에 세균이 살 수 없

다고 믿어져 왔습니다. 그러다가 1983년 호주의 의사인 마셜 (Barry Marshall, 1951~)과 워런(John Robin Warren, 1937~) 이 위염 환자의 위에서 세균을 검출하여 배양하는 데 성공하 였습니다.

헬리코박터균

그리고 이 세균이 위염과 관계가 있 는지를 끈기 있게 연구한 결과, 위염의 원인 중 하나라는 것을 밝혀냈습니다. 이 세균이 바로 헬리코박터 파일로리 (*Hellicobacter pylori*)라는 세균입니다.

헬리코박터 파일로리는 강산이 분 비되는 위에서 어떻게 살 수 있을까요? 이 세균은 위 점막을 헤집고 들어갈 수 있도록 몸에 편모가 나 있답니다. 이 편모 를 이용하여 위 점막을 헤집고 들어가 위에서 분비되는 위산 을 피할 수 있답니다. 그렇다고 위 점막을 완전히 뚫고 들어 가지는 못합니다. 그리고 스스로 산성을 중화할 수 있도록 자신의 주위에 알칼리성 물질을 만들어 낸답니다.

헬리코박터 파일로리는 얼마나 많은 사람이 가지고 있을까 요? 한국의 경우는 30~60대의 약 70%가 감염이 되어 있다 고 합니다. 헬리코박터 파일로리는 한 번 감염되면 저절로 없어지는 예는 없다고 합니다. 이 세균의 감염 경로는 아직 잘 알려지지 않았는데, 워낙 많은 사람이 감염되어 있으므로 감염을 피한다는 것은 아주 어려운 일이죠. 분명한 것은 위생 상태가 나쁠수록 감염률이 높아지는 것으로 알려지고 있답니다. 술잔을 돌리거나 한 그릇에 담긴 음식물을 먹거나 해도 전염이 되기 쉽답니다.

헬리코박터 파일로리가 유명해진 것은 이 세균을 없애 준다는 유산균 음료의 대대적인 광고가 아닌가 해요. 여러분도 아마 헬리코박터라는 말을 광고에서 들었을 것입니다. 특히, 헬리코박터 파일로리를 처음 발견한 마셜 교수가 이 광고의 모델로 등장했었지요. 이 광고 때문에 헬리코박터 파일로리가 모든 위장병의 원인처럼 알려져 있는 것도 사실입니다. 그래서 사람들은 이 세균이 발견되면 즉시 제거해야 한다고 믿게 되었고요.

그렇다면 헬리코박터 파일로리는 위장 질환과 어떤 관련이 있을까요? 우선 위염의 원인이 될 수 있다고 합니다. 위염이란 문자 그대로 위에 염증이 생긴 질병입니다. 그리고 위암 발생의 원인도 될 수 있다고 봅니다.

헬리코박터 파일로리를 발견하고 배양한 마셜과 워런 교수는 2005년 노벨 생리·의학상을 받았습니다. 노벨 재단측은 "1982년 두 사람이 발견할 당시 스트레스와 생활 습관이 소

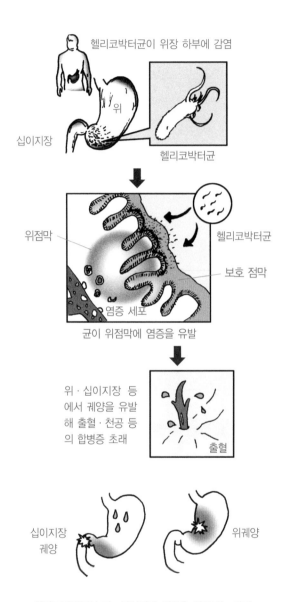

헬리코박터균이 위장 하부에 감염

위

십이지장

헬리코박터균

위점막

헬리코박터균

보호 점막

염증 세포

균이 위점막에 염증을 유발

위 · 십이지장 등
에서 궤양을 유발
해 출혈 · 천공 등
의 합병증 초래

출혈

십이지장
궤양

위궤양

헬리코박터균이 위 · 십이지장 궤양을 일으키는 과정

화성 궤양의 주요 원인으로 인식되고 있었다. 이들의 연구 덕분에 소화 기관 궤양을 항생제와 위산 분비 억제제 등으로 치료할 수 있게 되었다."라고 선정 이유를 밝혔습니다.

특히 이들은 첨단 이론이나 기술을 개발한 것이 아니라 기존의 평이한 미생물학적 기술만으로 인류의 건강을 위협하는 세균을 발견한 점도 인정을 받았습니다. 이래저래 헬리코박터 파일로리는 기필코 제거해야 하는 인류의 적으로 간주되는 것 같습니다.

위궤양과 위염

위는 입을 통해 들어오는 각종 세균을 소독하는 장소입니다. 이를 위해서 위에서는 강산인 염산이 분비됩니다. 그러므로 위벽은 강산에 견딜 수 있어야만 한답니다. 다행히 우리의 위벽은 염산에 견딜 수 있도록 방어 체계가 되어 있답니다.

하지만 여러 가지 원인에 의해 염산을 이기지 못하고 위 점액이 상하고 위 점막이 헐게 된답니다. 그러면 어떻게 될까요? 소화 효소가 위벽을 공격합니다. 소화 효소는 자기 몸인지 음식인지 구분하지 못하니까요. 그러면 자기가 자기를 소화시키는 불행한 사태가 일어나게 된답니다. 결국 위벽의 근육까지 우묵 패게 된답니다. 대개 지름이 1cm 정도의 원형으로 패지요. 심하면 위에 구멍이 나기도 합니다. 이러한 상태를 위궤양이라고 합니다.

위궤양이 생기면 배고플 때 속이 쓰리고 아프기도 하며, 밥을 먹고 30분쯤 후에 아프기도 하답니다.

위궤양은 여러분의 부모님 연세, 그러니까 40~50세의 중·장년층에서 많이 발생합니다. 과음, 과식, 흡연, 스트레스에 의해서 생기기도 하고요.

위궤양을 치료하는 방법은 위산의 분비를 줄이는 것입니다. 요즘엔 약이 발달하여 치료도 잘되는 편이랍니다. 그리고 편안한 마음가짐도 참 중요합니다.

위염은 위에 염증이 생기는 질병입니다. 궤양으로 염증이 생길 수도 있고요. 대개는 위액을 분비하는 점막이 상한 상태랍니다. 점막 세포에서는 위액을 분비하는데, 위염은 이러한 위액 분비 세포를 상하게 한답니다. 그래서 소화도 잘되지 않고, 위가 더부룩하면서 구역질, 구토, 식욕 부진에 시달리게 된답니다.

위염은 급성과 만성으로 나눕니다. 급성인 경우는 심한 스트레스나 약물 등에 의해 갑자기 위염이 생깁니다. 그런데 위염의 대부분은 만성이랍니다. 잘 낫지도 않고 나은 듯하다 또 생기곤 하며, 원인을 잘 알 수도 없답니다. 앞에서 말한 헬리코박터 파일로리가 원인이라고 말하는 사람도 있고요. 만성 위염은 위궤양, 위암과도 관련이 있을 것으로 생각하고 있답니다. 하지만 위염은 워낙 여러 가지여서 아직 잘 모르는 부분도 많습니다.

위암은 빨리 발견할수록 치료 가능성이 높다

요즈음은 동물을 복제할 정도로 생물학이 발달하였습니다. 그러나 아직도 암은 인류가 완전히 이겨 내지 못하는 질병입니다. 암을 전문으로 연구하는 학자의 말을 들어보면 앞으로 20여 년이 지나도 암을 극복하기는 어려울 것이라고 합니다.

한국에서 가장 많은 암의 종류는 아무래도 위암입니다. 한국인의 식생활이 큰 영향을 주지 않나 싶네요. 짜고, 맵고, 뜨거운 음식이 끊임없이 위벽 세포를 자극한 결과가 아닌지요?

암이 무엇인지 잠깐 이야기하고 가지요. 정상 세포는 스스로 분열 정도를 조절합니다. 세포 안에 세포 분열을 멈추게 하는 프로그램이 들어 있기 때문이죠. 하지만 분열 정지 프로그램이 망가지는 경우가 있어요. 그러면 세포는 계속 분열하게 된답니다. 브레이크가 고장 난 차라고나 할까요. 멈춰야 할 곳에 멈추지 못하는 차는 곧바로 인명을 앗아가는 흉기로 변하지요. 세포도 마찬가지랍니다.

위암이란 위벽의 세포가 분열을 멈추지 못하는 질병입니다. 쉽게 말하면 위 안에 혹이 자라는 것입니다. 이 혹은 위벽에 뿌리를 내리고 커질 뿐 아니라 혈관을 타고 퍼져 나간답니다. 이렇게 되면 음식을 먹을 수 없을 뿐 아니라 몸의 다른 부분으로 암이 퍼져 생명을 잃게 된답니다.

위벽은 4개의 층으로 되어 있습니다. 맨 위가 점막이고, 그 아래에 3개의 층이 있지요. 암은 보통 맨 위의 점막 층에서 시작이 됩니다. 암이 발생하여 점막 바로 아래층까지만 퍼져 있을 경우 조기 위암이라고 합니다. 조기 위암을 발견하고 치료할 경우 대개 완치가 된답니다. 하지만 조기 위암을 지나 위암 세포가 위벽을 이루는 4개의 층에 모두 퍼져 있을 경우 치료가 어렵습니다. 그러니 위암은 조기에 발견하는 것이 가장 훌륭한 치료법이라고 할 수 있습니다.

문제는 모든 암이 그렇듯 초기에 알 수 없다는 것입니다.

위암의 증상일지라도 가벼운 소화 불량이나 속이 쓰린 정도로 생각하기 쉽기 때문이죠. 그러므로 40세 이후의 장년기에는 주기적으로 위암 검사를 할 필요가 있습니다. 위암이 생겨 눈에 보일 정도가 될 때까지는 2년 정도가 걸린다고 하니 1~2년에 한 번씩은 검사를 해야 합니다.

우아, 맛있겠다!

야! 음식을 숟가락으로 함께 떠먹으면 세균에 감염된단 말이야!

무슨 소리! 위에는 강산인 염산이 분비되기 때문에 세균이 살 수 없다고.

그러나 1983년 호주의 의사인 마셜과 워런이 위염 환자의 위에서 헬리코박터 파일로리라는 세균을 검출하여 배양하는 데 성공했답니다.

이 세균이 위염의 원인 중 하나라는 것도 밝혀냈지요.

선생님, 헬리코박터 파일로리는 강산이 분비되는 위에서 어떻게 살 수 있지요?

거봐!

이 세균은 몸에 편모가 나 있어서 위 점막을 헤집고 들어가 위에서 분비되는 위산을 피할 수 있지요.

그러면 위 점막을 뚫고 다니는 건가요?

위 점막

보호 점막

헬리코박터균

염증 세포

그렇다고 위 점막을 완전히 뚫고 들어가지는 못해요. 스스로 산성을 중화할 수 있도록 자신의 주위에 알칼리성 물질을 만들어 내지요.

그러면 헬리코박터 파일로리는 위장 질환과 어떤 관련이 있나요?

알칼리성 물질

아무도 날 먹지 못해!

우선 위에 염증이 생기는 위염의 원인이 될 수 있고 또 위궤양, 십이지장 궤양, 위암의 원인도 될 수 있지요.

위생 상태가 나쁠수록 감염률도 높아진다고!

앞으로는 내 그릇에 꼭 덜어서 먹을게.

위염

위암

십이지장 궤양

이자—소화 효소의 창고

이자액은 어떻게 위산을 중화시킬까요?
어떻게 이자에 있는 소화 효소가 때를 맞춰 분비될까요?

9

이자—
소화 효소의 창고

파블로프가 이자에 관한
아홉 번째 수업을 시작했다.

위를 지나 잠시 옆을 한번 보세요. 이자가 있지요. 이자는
위의 아래에 위치하는데, 췌장이라고도 하고요.

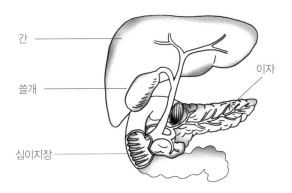

간

쓸개

이자

십이지장

이 그림과 같이 이자는 위의 아래에 위치해 있고, 이자에서 나온 관은 십이지장으로 열려 있습니다.

이자는 여러분도 알다시피 소화 효소를 분비하는 기관입니다. 하지만 이자가 하는 중요한 일이 하나 더 있지요. 그것은 호르몬을 분비하는 일입니다. 그래서 이자는 소화 효소와 호르몬을 모두 분비하는 아주 중요한 기관이랍니다.

첫 시간에 사람의 소화관은 기다란 관 모양이라고 했지요? 이자는 그러면 어떻게 표현할 수 있을까요? 아래의 그림과 같이 기다란 관의 중간에 매달린 주머니라고 볼 수 있답니다. 이 주머니에서 소화 효소가 나와 소화관을 흐르게 되는 것입니다.

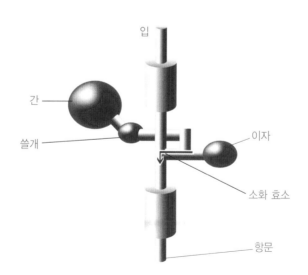

이자에서 십이지장으로 나온 소화액은 작은창자로 내려가게 된답니다. 이자에서 나오는 소화액에는 탄수화물, 단백질, 지방에 대한 소화 효소가 각각 있어서 3대 영양소를 모두 소화시킬 만큼 아주 강력하답니다.

이자액은 위산을 중화시킨다

이자액에 포함된 소화 효소는 모두 산성에서는 작용하지 못한답니다. 말하자면 산성에서는 가위 역할을 하는 이자의 소화 효소가 뒤틀려 소화 기능을 잃어버리게 된답니다. 불행히도 위에서 내려오는 음식물은 위에서 분비되었던 염산 때문에 산성을 띠고 있는데 말이죠.

우리 몸은 이 문제를 어떻게 해결할까요? 다행히 이자액에는 탄산수소나트륨이 포함되어 있어 산성을 중화시킨답니다. 여러분 중화가 무엇인지 알지요. 산성이 염기성을 만나면 중성에 가까워지는데, 이를 중화라고 합니다.

이미 이야기했듯이 소화관은 외부로 열려 있는 하나의 관과 같답니다. 그리고 우리가 먹은 음식물이 이 관을 지나갑니다. 그래서 외부로부터 세균이 들어오는 것을 막기가 어렵답니다. 이런 까닭에 위에서는 세균을 소독하기 위한 강한 염산이 나옵니다. 그러나 위에서 분비되는 염산은 너무 강한 산이어서 소화관에 부담이 됩니다.

이때 지혜로운 우리 몸은 이자액에 염기성 물질을 포함시켜 강한 산을 중화시켜 주지요. 그래서 작은창자는 강한 산을 만나지 않아도 되고, 좀 더 편안히 소화 작용을 할 수 있는 거랍니다. 우리 몸이 참 지혜롭고 과학적이라는 것이 다시 한번 느껴지네요.

이자액의 분비는 호르몬이 촉진한다

이자에 있는 소화 효소 분비 세포가 어떻게 때를 맞춰 소화 효소를 분비할까요? 어떻게 십이지장으로 음식물이 내려가는 것을 알 수 있을까요? 십이지장에는 음식물이 들어오는 것을 알아차리는 센서 역할을 하는 세포가 있습니다. 이 세포들은 음식물이 들어오면 십이지장 벽에서 호르몬이 분비되도록 한답니다.

여기서 오해하면 안 되는 것은 호르몬은 소화관 안으로 분비되는 것이 아니라 혈관으로 분비된다는 점입니다. 혈관으로 분비된 호르몬은 혈액과 섞여 이자로 갑니다. 그래서 이자액 분비 세포에게 알려 줍니다. 뭐라고 알려 줄까요?

아마도 '지금 십이지장으로 음식물이 내려가고 있소. 빨리 이자액을 내보내시오'라고 하겠지요. 그러면 이자의 세포들은 이자액을 내보내고, 이자와 십이지장을 연결하는 관으로 이자액이 분비된답니다.

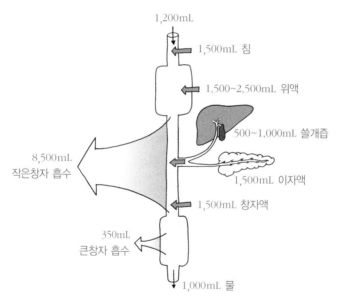

1,200mL

1,500mL 침

1,500~2,500mL 위액

500~1,000mL 쓸개즙

8,500mL
작은창자 흡수

1,500mL 이자액

1,500mL 창자액

350mL
큰창자 흡수

1,000mL 물

각 기관에서 분비하는 소화액

이자액은 하루에 1,500 mL 정도 분비됩니다. 이번 기회에 각 기관이 분비하는 소화액이 얼마만큼인지 한번 따져 보지요.

우선 침이 1,500 mL, 쓸개즙 500~1,000 mL, 위액이 1,500~2,500 mL 정도 분비됩니다. 그리고 이자액이 1,500 mL 정도가 분비되니, 모두 합하면 무려 5,500~7,000 mL를 하루에 분비하게 됩니다. 물론 작은창자에서는 흡수가 일어납니다. 작은창자에서 흡수하는 물이 8,500 mL, 큰창자에서 흡수되는 물이 350 mL 정도 된답니다. 그리고 우리가 입으로 섭취하는 물의 양은 1,200 mL 정도랍니다.

이자에서는 혈당량을 조절하는 호르몬이 나온다

이자에는 소화액을 분비하는 세포와 호르몬을 분비하는 세포가 따로 있답니다. 호르몬은 이자섬이라는 세포 집단에서 나옵니다. 이자섬들은 마치 섬처럼 서로 떨어져 있는데, 발견자인 랑게르한스(Paul Langerhans, 1847~1888)의 이름을 따서 랑게르한스섬이라고도 하지요. 이자에는 이자섬이 셀 수 없이 많답니다.

이자섬에서는 인슐린이라는 아주 유명한 호르몬이 나옵니다. 여러분은 아마 당뇨병이라는 말과 함께 인슐린이라는 말을 들었을 것입니다. 인슐린이 하는 일은 우리 몸의 주 연료인 포도당이 세포로 들어가도록 하는 것입니다.

이렇게 이해하면 좋을 것 같네요. 세포막에는 포도당이 들어가는 문이 있답니다. 그런데 이 문은 아무 때나 열어 주는 것이 아니라 인슐린이 와서 초인종을 눌러야 열어 주지요. 그러니까 인슐린이 하는 중요한 일은 포도당이 세포 안으로 들어가도록 문을 열어 달라고 세포에게 말해 주는 것입니다. 포도당은 스스로 스위치를 누를 줄 모르거든요.

그렇다면 만일 인슐린이 적게 분비된다고 해 봐요. 포도당이 세포 속으로 들어가지 못하게 된답니다. 그러면 포도당이 혈액 속에 그대로 남아 있게 되지요. 이른바 고혈당이 되는 거지요. 고혈당이 되면 오줌으로 당이 넘쳐 나간답니다. 이러한 증상이 바로 당뇨병이랍니다. '당뇨'란 오줌에 포도당이 섞여 있다는 의미이죠.

그러므로 당뇨병에 걸리면 혈액 속에는 포도당이 아주 많은데, 세포 속에는 부족한 '풍요 속의 빈곤' 상태가 되는 것입니다. 세포 쪽에서 생각해 보면 밖에는 포도당이 많은데 막상 자기에게 들어오는 포도당이 없는 거지요. 세포에게는 포도당이 들어오는 것이 식사에 해당하거든요. 세포는 배가 고파요. 그러면 세포는 어떻게 할까요? 세포 안에 있는 지방이

나 단백질을 분해합니다. 살아가는 데 에너지가 필요하기 때문이지요. 이것은 마치 추운 겨울날 땔감이 없다고 지붕을 걷어 때고, 기둥 뽑아 때는 것과 같은 상황이 되는 거지요. 그러면 집이 남아나질 않겠지요? 이처럼 세포도 땔감인 포도당이 부족하면 여러 가지 부작용이 나타나게 된답니다.

또 당뇨병에 걸리면 늘 목이 마릅니다. 오줌 속의 포도당이 오줌량이 많아지도록 작용하기 때문이랍니다. 그리고 섭취한 포도당이 오줌으로 나가기 때문에 영양소가 부족하여 늘 배가 고프답니다. 그래서 많이 먹게 되죠. 사람들은 말합니다. 당뇨병에 걸리면 3다(多) 현상이 나타난다고. 밥을 많이 먹고, 오줌을 많이 누며, 물을 많이 마신다!

간 — 화학 공장

간이 하는 일에 대해 알아봅시다.
쓸개즙은 어디에서 만들어지나요?

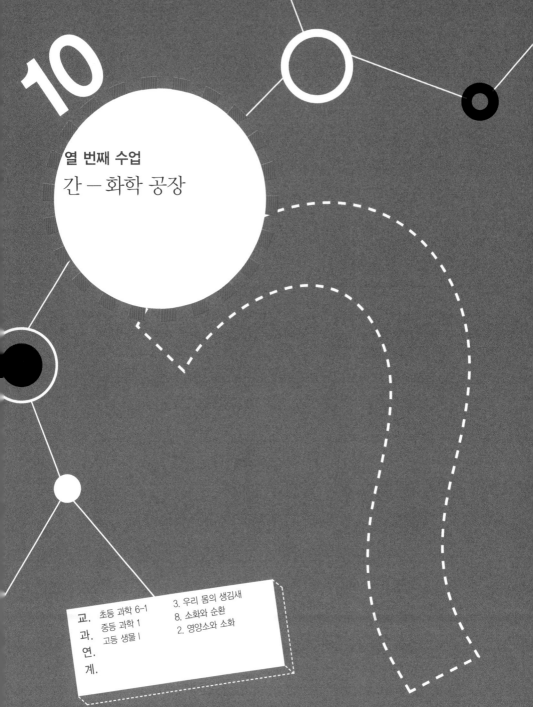

10

열 번째 수업

간 ─ 화학 공장

파블로프의 열 번째 수업은
간이 하는 일에 관한 내용이었다.

'간이 콩알만 해졌다', '간담이 서늘하다', '담력이 세다' 등 간에 관한 말을 많이 들어보았죠? 한방에서는 간담(간과 쓸개)을 감정에 예민한 부분으로 보고 있답니다. 그리고 간과 쓸개는 옛날부터 목(木)의 기운을 가졌다고 본답니다.

목의 기운이란 나뭇가지나 싹처럼 뻗어 나가려는 성질이 있다는 거죠. '간이 콩알만 해졌다'는 말은 공포심에 목의 기운이 오그라들었다고 해석할 수도 있겠지요? '간담이 서늘해졌다'도 마찬가지로 기운이 넘쳐 뻗어 나가야 하는데 찬 기운이 스며들어 기를 못 편다고 해석할 수도 있고요. '담력이 세

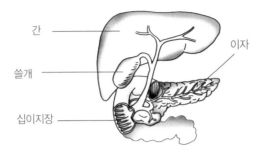

간

이자

쓸개

십이지장

다' 는 목의 기운이 충만하다는 뜻입니다.

　그렇다면 '간이 부었다'는 어떻게 해석해야 할까요? 간이 부었다는 말은 기운이 밖으로 나가지 못한 불편한 상태라고 본답니다. 그러면 왜 기운이 밖으로 나가지 못할까요? 욕심이 기운이 나가는 길을 막기 때문이라고 해요. 그래서 욕심이 많으면 밖으로 나가려는 기운이 막혀, 결국에는 일을 그르친다는 것입니다.

간은 화학 공장

　간은 약 1.3kg에 이르는 큰 기관입니다. 색깔은 적갈색이고 열을 많이 낸답니다. 간은 가로막(횡격막) 아래에 있으며, 좀 둔한 기관이랍니다. 그래서 우리는 간에 이상이 생기더라도 대부분 모르고 지내다가 병이 상당히 진행된 다음에야 알아차리게 된답니다.

그런데 간은 재생이 잘된답니다. 간이 완전히 상한 부모에게 간의 일부를 떼어 준 자식에 대한 신문 기사를 본 적이 있을 것입니다. 간은 재생 능력이 있으므로 가능한 일이랍니다.

간이 하는 일은 대부분 '화학적'입니다. 어떤 물질을 분해하든지 합성한다는 말이죠. 그리고 하는 일이 매우 다양하답니다. 그래서 간은 우리 몸의 '화학 공장'이라는 별명이 붙어 있습니다. 간에서 일어나는 화학 반응은 수백 가지나 된답니다.

공장이 잘 운영되려면 원료가 잘 공급되어야 합니다. 간이 화학 공장일 수 있는 것은 크게 2가지 이유가 있습니다.

첫째는 원료가 잘 공급되기 때문입니다. 작은창자에서 흡수한 영양소는 간문맥이라는 정맥 혈관을 통해 간으로 갑니다. 간은 간문맥을 통해 방금 흡수한 영양소를 풍부하게 공급받게 되는 것입니다. 간은 이렇게 방금 작은창자로 들어온 신선한 원료를 이용하여 '화학 공장'을 가동하는 것이죠.

둘째는 간문맥이라는 혈관만 연결되어 있는 것이 아니라 산소를 공급해 주는 간동맥이라는 혈관도 연결되어 있기 때문입니다. 산소는 세포가 에너지를 내는 데 이용된다는 것을 여러분은 다 알고 있을 것입니다.

그러므로 간에는 동맥과 정맥이 모두 오게 된답니다. 그래서 1분 동안 1,000~1,800 mL의 혈액이 흘러들어 온답니다. 이는 심장이 1분 동안 내보내는 혈액의 약 25%에 해당하는 양입니다. 간은 동맥을 통해 산소를 공급받고, 정맥을 통해 영양소를 공급받아 화학 공장을 가동한답니다.

간은 창고다

우리가 밥을 먹으면 작은창자를 통해 간으로 많은 양의 포도당이 운반되어 온답니다. 그러면 간의 세포는 포도당을 받아들여 글리코겐이라는 물질을 만듭니다. 글리코겐이란 포도당을 죽 이어 놓은 물질이지요. 글리코겐은 녹말과 비슷한 물질이라고 생각하면 됩니다. 식물은 포도당을 저장할 때 녹말로 저장하고, 동물은 포도당을 저장할 때 글리코겐으로 저장합니다.

몸에 포도당이 부족할 때 글리코겐은 다시 분해됩니다. 분해되어 나온 포도당은 혈액을 타고 온몸으로 공급되지요. 그래서 혈액 속의 포도당 농도는 비교적 일정하게 유지된답니다. 그러므로 간은 포도당의 저수지이자, 창고인 셈이지요.

포도당뿐 아니라 간에는 비타민 A, B, D 등이 저장된답니다. 단백질, 지방도 저장되고요. 그래서 간은 영양소의 저장 창고라 할 수 있답니다.

그러면 지방간이란 무엇일까요?

지방간은 간에서 생성되는 지방이 방출되지 않거나, 지나치게 지방이 많이 생성되는 경우, 그리고 비만에 의해 과도하게 간세포에 지방이 축적되는 경우 등 여러 가지 원인에 의해 생겨납니다.

특히 알코올은 간에서 지방의 합성을 촉진하므로 지방간이 생기는 원인이 됩니다.

지방간이 심하면 간세포의 정상적인 활동을 방해해서 간이 상하게 됩니다.

간은 우리 몸을 보호한다

간은 해로운 물질로부터 우리 몸을 보호하는 기능을 합니다. 우선 몸에서 단백질이 분해되면 암모니아라는 해로운 물질이 생긴답니다. 암모니아는 간으로 운반되어 신속하게 요소로 만들어집니다. 요소는 신장으로 보내져 오줌으로 나간

| 암모니아 | → | 간 | → | 요소 | → | 신장 | → | 오줌 |

답니다.

또한 간은 여러 가지 약물을 분해하거나 변형시켜서 배출하는 기능도 가지고 있습니다. 그리고 체내에 들어온 알코올의 80%를 간이 분해한답니다. 그런데 간이 알코올을 분해하면서 해로운 아세트알데히드라는 물질이 생겨납니다. 아세트알데히드 물질 때문에 술을 마신 뒤 골치가 아프거나 구토, 오한, 두통 등이 생겨나지요. 그리고 이 물질은 간세포를 상하게 한답니다. 그러므로 술을 지나치게 많이 마시면 간이 제일 피해를 보지요.

간에는 창자에서 들어온 많은 세균들이 있습니다. 이것들은 영양소와 마찬가지로 작은창자에서 간으로 이어지는 간문맥을 통해 간에 옵니다. 그러나 간에 침입한 세균은 쿠퍼세포(간세포)가 잡아먹는답니다. 백혈구가 세균을 잡아먹는 것과 같은 방식이지요. 식세포 작용이라고 부르기도 하고요. 그래서 간으로 들어온 세균의 99%가 제거됩니다.

만일 간에서 세균을 처리하여 주지 않는다면 우리 몸은 세균에 의해 피해를 입을 것입니다. 위에서는 염산이 나와서 소독하여 주고, 창자에서 흡수되는 세균은 간에서 처리하여 우리 몸을 보호하여 주는 것입니다.

그러면 간경변증이란 무엇일까요?

간경변증이란 보통 간경화라고 하는데, 간이 고무 타이어처럼 굳어지게 된답니다. 세포가 지속적으로 파괴되면서 섬유질이 생겨나지요. 또한 간세포가 재생되고 또 죽는 과정에서 간이 울퉁불퉁해지고 땡땡해진답니다.

일단 간경변증이 시작되면 정상으로 돌아가기가 어렵답니다. 간경변증은 우리가 느끼지 못하는 과정에서 조용하게 진행되는 까닭에 회복이 어려운 상태에 이르러 발견되기 때문입니다. 간경변증의 원인은 간염, 알코올 등 여러 가지가 있습니다. 간경변증이 생기면 간이 굳어져서 혈액이 간으로 들어가기 어렵습니다.

쓸개는 쓸개즙을 만들지 않는다

쓸개는 조그만 근육 주머니랍니다. 이 근육 주머니는 쓸개즙을 만들지 못합니다. 그러면 어디서 쓸개즙을 만들까요? 바로 간이랍니다. 간이 하는 중요한 일 중 하나가 쓸개즙을 만드는 것입니다. 그러므로 쓸개즙은 진정한 의미에서는 '간즙'입니다. 간을 소화 기관이라고 부르는 이유가 바로 쓸개즙을 만들기 때문이지요.

그러면 쓸개가 하는 일은 무엇일까요? 간에서 만드는 쓸개즙을 임시 저장하였다가 음식물이 십이지장에 내려오면 내보내는 일을 한답니다.

쓸개즙은 간이 만든다

쓸개즙의 성분은 크게 빌리루빈과 쓸개즙산이라는 물질로 되어 있습니다. 빌리루빈은 헤모글로빈을 분해할 때 나오는 부산물입니다. 이 부산물이 쓸개즙을 통해 배출되는 것입니다. 대변이 누런색을 띠는 이유는 빌리루빈 때문이죠. 쓸개즙산은 비누와 같은 성질이 있습니다. 그래서 지방을 만나면 지방을 뜯어내는 성질을 가져요.

쓸개즙과 지방이 만나면 지방이 작은 덩어리로 됩니다. 그래서 젖처럼 뿌연 색깔을 띠게 된답니다. 이것을 어려운 말로 '지방의 유화'라 부릅니다.

지방이 작은 덩어리로 되면 어떤 점이 좋을까요? 이는 마치 밥알을 잘게 씹어 놓은 것과 같은 효과가 있답니다. 그러면 소화 효소와 만날 수 있는 표면적이 넓어져서 소화가 신속히 될 수 있습니다.

그러면 황달이란 무엇일까요?

황달이란 공막(눈 흰자위) 등 몸이 누렇게 되는 증상이지요. 몸에 빌리루빈이라는 색소가 너무 많아 몸이 누렇게 물드는 증상이랍니다. 원인은 여러 가지가 있습니다. 빌리루빈은 적당히 제거되어야 하는데 간에 이상이 생겨 그런 일을 못하거나 빌리루빈이 쓸개로 나가지 못하고 역류하는 경우가 많답니다. 쓸개가 돌멩이인 담석(쓸갯돌)에 의해 막힐 때도 빌리루빈이 간에서 몸으로 나가게 된답니다.

막 태어난 아이들도 황달이 많이 생깁니다. 대개는 적혈구가 과도하게 분해되어 나타나는 경우이지요. 생후 2~4일경에 나타났다가 1~2주일 만에 정상으로 돌아오곤 하지요.

쓸개즙은 간에서 하루에 250~1,500 mL가 분비됩니다. 아주 많은 양이지요. 하지만 쓸개즙은 재활용하여 다시 만듭니다. 어떻게 재활용이 가능하냐고요? 창자로 나간 쓸개즙을 다시 흡수하는 거지요. 그래서 다시 간으로 보내 재활용하는 거랍니다. 그러므로 막상 쓸개즙을 만들기 위해 들어가는 재료는 그다지 많지 않습니다. 우리 몸의 지혜를 또 한번 보게 되네요.

그러면 쓸개는 쓸개즙의 분비 시간을 어떻게 알 수 있을까요? 쓸개는 십이지장에 음식물이 지나가는 것을 잘 모릅니다. 그런데 음식물이 지나가는 시간에 맞춰 쓸개즙을 분비합니다. 이자액의 분비와 마찬가지로 십이지장에서 분비된 호르몬이 연락을 해 주기 때문에 가능합니다. 호르몬의 연락을 받은 쓸개는 수축 운동을 하여 저장했던 쓸개즙을 내보내지요.

쓸개에는 돌이 생기기도 한다

여러분은 담석이라는 말을 들어보았는지요. 담석은 쓸개에 돌이 생겨나는 증상이지요. 쓸개에 돌이 생기면 쓸개즙이 분비되는 것을 막고, 간과 쓸개 사이에 쓸개즙이 흐르는 것을 방해하여 앞서 말한 황달 증상이 나타나게 됩니다.

쓸개의 돌, 그러니까 쓸갯돌은 콜레스테롤이 뭉쳐서 생기는 경우가 많습니다. 쓸개즙에 콜레스테롤이 많이 들어 있다가 자기끼리 뭉쳐서 돌이 됩니다. 마치 진주조개 속에 어떤 불순물이 들어가면 그것을 중심으로 진주가 생겨나듯, 콜레스테롤이 뭉칠 수 있는 어떤 원인 물질이 쓸개에 들어갔을 때

생겨납니다.

담석증이 있는 환자의 쓸개즙은 2~3일 놓아두면 담석을 형성하지만 정상인에게서 얻은 쓸개즙에서는 2주일 이상 걸려야 담석이 생겨난답니다. 이런 현상을 보고 담석증이 있는 환자는 콜레스테롤이 잘 뭉치도록 하는 원인 물질이 있는 게 아닌가 추측하지만 아직 그 원인은 모릅니다.

담석은 제거해야 하는데, 요즈음은 수술로 제거하지 않고 레이저로 담석을 깨는 수술을 한다고 해요. 담석증 등으로 쓸개를 잘라 내는 경우가 있습니다. 그렇다 해도 생명에는 아무런 지장이 없답니다. 쓸개는 그저 하나의 근육 주머니인 까닭입니다. 그러나 쓸개가 없으면 소화에 지장이 생길 수 있습니다.

그렇다면 쓸개를 제거했을 때 어떤 음식을 피해야 할까요? 바로 지방이 많은 음식이랍니다. 쓸개즙이 지방의 소화를 도와주기 때문입니다.

어휴, 영화가 너무 무서워서 간이 콩알만 해졌어요.

그런데 왜 간이 콩알만 해진다고 할까요? 심장이나 창자는 괜찮은 건가요?

예전부터 한방에서는 간담(간과 쓸개)을 감정에 예민한 부분으로 보았지요.

그렇군요.

감정에 예민한 부분이야

간

쓸개

간이 하는 일은 주로 어떤 것인가요?

간은 어떤 물질을 분해하거나 합성하는 화학적인 일을 주로 하지요.

굉장히 일이 많네요.

쓸개

십이지장

간

이자

그래서 간은 우리 몸의 '화학 공장'이라는 별명이 붙어 있어요.

간

공장이라면 무언가를 만든다는 건가요?

그러면 간이라는 화학 공장의 원료는 뭔가요?

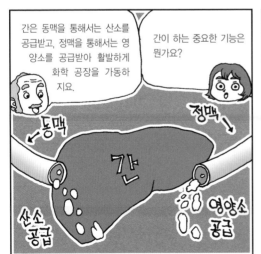

간은 동맥을 통해서는 산소를 공급받고, 정맥을 통해서는 영양소를 공급받아 활발하게 화학 공장을 가동하지요.

간이 하는 중요한 기능은 뭔가요?

동맥

정맥

간

산소 공급

영양소 공급

몸에서 단백질이 분해되면 암모니아라는 해로운 물질이 생기는데, 이 물질은 간으로 운반되어 신속하게 요소로 만들어지고, 요소는 신창으로 보내져서 오줌으로 나가게 되지요.

간이 우리 몸을 해로운 물질로부터 보호하는 것이군요.

암모니아 → 간

요소

신장 → 오줌

작은창자 — 또 하나의 뇌

육식 동물과 초식 동물의 창자 길이는 어떻게 다를까요?
작은창자의 구조에 대해 알아봅시다.

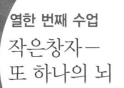

열한 번째 수업

작은창자—
또 하나의 뇌

파블로프의 열한 번째 수업은
작은창자에 관한 내용이었다.

작은창자는 십이지장에서 시작됩니다. 십이지는 손가락을 12개 이어 붙여 놓은 것만큼의 길이라는 의미입니다. 십이지장의 실제 길이는 약 25cm이다.

십이지장을 지나며 본격적으로 구불구불한 작은창자가 시작된답니다. 십이지장부터 작은창자 전체의 약 40%에 이르는 윗부분을 공장(빈창자)이라고 부르며, 나머지 60%를 회장(돌창자)이라고 부릅니다. 공장과 회장은 크게 구분되는 특징은 없습니다. 그냥 너무 긴 작은창자를 구분지어 부를 필요가 있어서 그렇게 부른답니다.

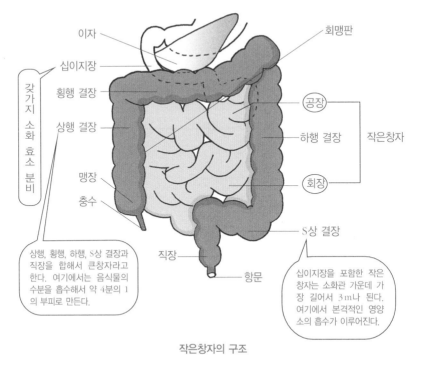

이자

회맹판

십이지장

횡행 결장

공장

상행 결장

하행 결장

작은창자

맹장

회장

충수

상행, 횡행, 하행, S상 결장과 직장을 합해서 큰창자라고 한다. 여기에서는 음식물의 수분을 흡수해서 약 4분의 1 의 부피로 만든다.

직장

S상 결장

항문

십이지장을 포함한 작은 창자는 소화관 가운데 가장 길어서 3 m나 된다. 여기에서 본격적인 영양소의 흡수가 이루어진다.

작은창자의 구조

　약 3m에 이르지만 작은창자는 대단히 신축성이 있어 길이를 딱 잘라 말하기 어렵습니다.

동물의 창자 길이는 먹이에 따라 다르다

　작은창자의 길이를 이야기하다 보니 창자의 길이에 대해 이야기해야겠다는 생각이 드네요. 창자의 길이는 육식 동물보다 초식 동물이 더 길답니다. 초식 동물이 먹는 풀이나 나뭇잎에는 섬유질이 많답니다.

앞서 소의 되새김질을 이야기할 때 섬유질은 셀룰로오스라고 했던 기억이 나는지요. 척추동물들은 대개 셀룰로오스를 소화시키지 못한답니다. 대신 소화관에 세균이 사는 것을 허락하고, 세균으로 하여금 셀룰로오스를 분해하도록 하였답니다. 그래서 창자가 길지요. 이는 세균이 충분히 작용할 수 있도록 하기 위함이죠.

여러분 올챙이가 개구리가 되는 것을 뭐라 하지요? 변태라고 하지요. 모양이 바뀐다는 의미이지요. 분명 개구리와 올챙이는 모양이 무척 다릅니다.

그런데 올챙이가 개구리로 변태하는 과정에서 크게 발달하지 않는 부분이 있는데, 그것은 바로 창자의 길이라고 합니다. 올챙이는 개구리보다 훨씬 작지만 창자의 길이는 별반 달라지지 않는다는 것이 이상하지요?

사연은 이렇답니다. 올챙이는 초식을 하고, 개구리는 육식을 한다는 겁니다. 그러므로 올챙이가 개구리로 변태하는 데 창자는 다른 기관에 비해 가장 적게 발달한다고 합니다.

다음 그림은 코요테와 코알라의 소화 기관을 비교한 그림입

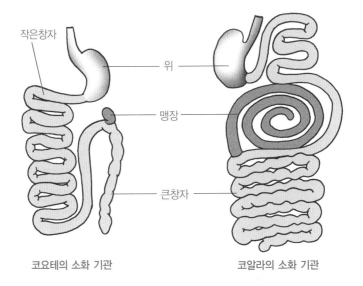

작은창자		위	
		맹장	
		큰창자	

코요테의 소화 기관   코알라의 소화 기관

니다.

두 동물은 크기가 비슷하답니다. 하지만 코알라의 창자가 훨씬 깁니다. 코요테는 다른 동물을 잡아먹는 육식 동물이고, 코알라는 나뭇잎을 먹는 초식 동물인 까닭입니다. 두 동물의 소화 기관을 비교할 때 맹장이 가장 다르죠? 코알라의 맹장에는 미생물이 많이 들어 있어 식물을 소화시키는 데 많은 도움을 준답니다.

작은창자에서 소화는 끝이 난다

작은창자는 소화가 활발하게 일어나는 부분입니다. 본격적인 소화가 일어나는 부분이라고 해도 좋습니다. 녹말은 침에 있는 아밀라아제에 의해 조금 소화가 되고, 단백질은 위에서 분비되는 펩신에 의해 약간 소화가 되었지만, 지방은 작은창자에 와서야 비로소 소화가 시작된답니다.

소화가 활발하게 일어난다는 것은 소화 효소가 많이 있다는 말과 같습니다. 작은창자에는 이자에서 나오는 소화 효소와 쓸개즙, 그리고 작은창자에서 분비되는 소화 효소들이 모두 모여 덩치가 커서 흡수하기 어려운 영양소들을 신나게 자릅니다. 그래서 녹말은 포도당으로, 단백질은 아미노산으로, 지방은 지방산과 글리세롤로 완전히 분해하면 흡수가 시작됩니다.

녹말 → 포도당

단백질 → 아미노산

지방 → 지방산과 글리세롤

작은창자는 표면적이 대단히 넓다

작은창자는 소화된 영양소를 흡수하여야 하므로 표면적이 대단히 넓은 구조를 하고 있답니다. 우리 몸에서 흡수를 담당하는 부분으로는 허파(폐)와 작은창자가 있습니다.

허파도 표면적이 대단히 넓죠. 폐에는 허파꽈리라는 조그만 공기 주머니가 약 3억 개가 있는데, 이를 모두 펴면 면적이 약 70m²에 달한다고 합니다. 이렇게 넓은 면적이 산소와 닿으면서 산소의 흡수가 아주 효율적으로 일어나는 것입니다.

허파와 마찬가지로 작은창자의 내벽도 표면적이 아주 넓습

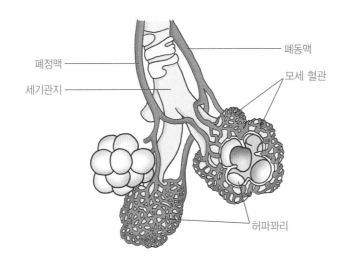

사람의 호흡 기관 : 가스 교환은 허파꽈리에서 일어난다.

니다. 작은창자 내벽은 주름을 만들어서 표면적을 넓힌답니다. 그런데 주름을 자세히 보면 융털이 나 있습니다. 융모라고도 하지요. 길이는 0.5~1mm 정도이고, 1mm²당 20~40개 정도가 있어요. 융털은 너무 작아 맨눈으로는 잘 안 보인답니다.

  작은창자의 표면적을 넓히려는 노력은 여기서 끝나는 것이 아니랍니다. 융털의 표면은 세포로 덮여 있는데, 세포의 막에는 다시 돌기들이 죽 나 있습니다. 이를 미세 융털이라고 한답니다.

  자, 다시 한번 정리해 볼까요? 먼저 굴곡에 의해 표면적이 증가하고, 융털에 의해 표면적이 더 넓어지고, 미세 융털에

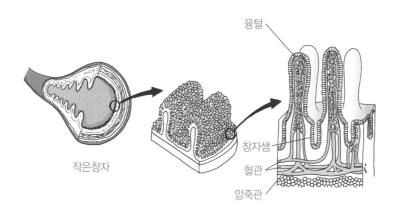

작은창자의 구조

의해 더 넓어집니다. 작은창자 내벽의 구조는 이런 것이 없을 때보다 600배 정도 면적이 커집니다. 그래서 작은창자의 내벽은 약 200m²의 표면적을 갖는답니다.

작은창자의 내벽을 덮는 세포들은 수명이 길지 않습니다. 그 이유는 작은창자의 내벽이 아주 여러 종류의 음식물이나 화학 물질과 계속 접촉하기 때문에 세포가 상하기 쉽기 때문입니다. 그래서 빨리빨리 교체를 하는 거랍니다. 상한 세포를 그냥 가지고 있으면 소화관에 이상이 생기기 쉽거든요.

작은창자의 내벽을 덮고 있는 세포들은 수명이 2~5일밖에 되지 않습니다. 그래서 매일 떨어져 나가는 세포는 약 170억 개나 된다는 것입니다. 이렇게 많은 수의 세포가 죽어나간다는 것은 그만큼 작은창자의 내벽에서는 세포 분열이 왕성하게 일어난다는 말이 된답니다. 작은창자의 내벽을 깨끗하게 유지하기 위하여 우리 몸은 너무나 많은 비용을 치르고 있는 것입니다.

작은창자는 독립된 하나의 뇌다

다음 그림이 나타내는 동물은 히드라입니다.

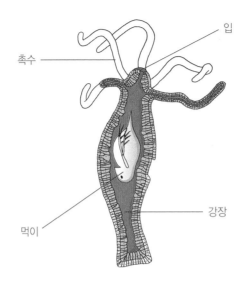

촉수

입

먹이

강장

　히드라는 민물에 사는데, 길이는 1~2cm 정도 되지요. 몸이 거의 투명하고 흐물흐물하여서 주의 깊게 보아야만 관찰할 수 있답니다. 히드라는 몸 자체가 하나의 소화관 역할을 해요. 뇌가 따로 없고, 온몸에 신경이 산만하게 퍼져 있어요. 그래서 이러한 신경계를 산만 신경계라고 합니다.

　먹이를 먹으면 소화관이 운동을 해요. 그러면 그 운동은 어떻게 조절할까요? 소화관에 퍼져 있는 신경이 자체적으로 운동을 조절한답니다. 뇌가 따로 있는 게 아니라 소화관 전체에 뇌가 퍼져 있는 셈이랍니다.

　놀랍게도 사람의 작은창자도 이와 같은 방식으로 운동한답

니다. 물론 사람은 뇌를 가지고 있지요. 하지만 작은창자의
운동은 뇌의 지배를 받지 않고 스스로 운동합니다. 다른 인
체의 기관과 작은창자가 다른 점입니다.

이는 마치 무릎 반사와 같아요. 무릎에는 둥근 뼈가 있지
요? 책상에 걸터앉아 이 뼈의 아랫부분에 있는 인대를 조그
만 망치로 툭 치면 무릎이 반사적으로 올라가게 된답니다.
한번 해 보세요. 이러한 운동은 우리의 생각을 지배하는 뇌
와는 독립적으로 척수가 운동 명령을 내리기 때문에 일어나
는 것입니다.

작은창자의 운동은 작은창자 자체에 명령을 내리는 신경이
있어서 일어나지요. 무릎 반사에서 척수와 같은 기능을 하는
신경 세포가 작은창자에는 쭉 퍼져 있습니다. 그래서 음식물

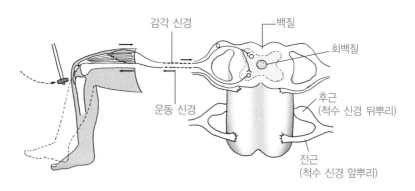

무릎 반사의 경로

이 지나가는 것과 때를 맞춰 알맞게 소화 운동을 하게 됩니다. 즉, 작은창자의 근육 운동이 작은창자 자체에 있는 신경에 의해 독립적으로 조절된다는 것입니다. 그래서 사람들은 작은창자를 또 하나의 뇌라고도 한답니다.

작은창자의 운동은 2가지로 구분할 수 있답니다. 식도에서 보았듯이 음식물을 아래로 내려보내는 운동이 있고, 소화 효소와 음식물을 골고루 섞기 위해서 일어나는 운동이 있답니다. 앞의 운동을 꿈틀 운동이라 하고, 뒤의 운동을 분절 운동이라고 한답니다.

다음 그림은 작은창자의 분절 운동을 나타낸 것입니다. 분절 운동은 내용물이 골고루 섞이게 하는 운동이라는 것을 알 수 있습니다.

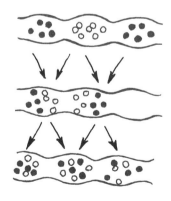

작은창자의 분절 운동

또 작은창자의 내벽에는 센서 기능을 하는 세포가 있습니다. 센서 기능을 하는 세포들은 어떤 종류의 음식물이 지나가는지를 판별하여 소화 효소를 분비하도록 하기도 하고, 호르몬으로 하여금 이자액이나 쓸개즙이 분비되도록 연락하는 일을 하기도 한답니다.

큰창자 – 세균의 마을

대변은 어디에서 만들어질까요?
변비는 왜 생길까요?

열두 번째 수업

큰창자 — 세균의 마을

파블로프가 열두 번째 수업으로
큰창자에 대해
이야기하기 시작했다.

이제 큰창자까지 왔습니다. 큰창자를 이야기하려면 조금 지저분한 것을 이야기하지 않을 수 없답니다. 그러니 여러분은 우리의 생리적 현상이려니 하고 듣기 바랍니다.

큰창자는 작은창자와 이어져 있어요. 다음 페이지의 그림을 보세요. 큰창자는 작은창자에 비해 상당히 굵습니다. 작은창자에 이어져 있는 큰창자는 배를 시계 방향으로 한 바퀴 도는 모습을 하고 있지요. 한글의 'ㅁ' 자와 비슷하지요. 작은창자와 이어지는 부분의 아랫부분을 맹장(막창자)이라 하고, 나머지 대부분을 결장(잘록창자)이라고 합니다. 맨 마지

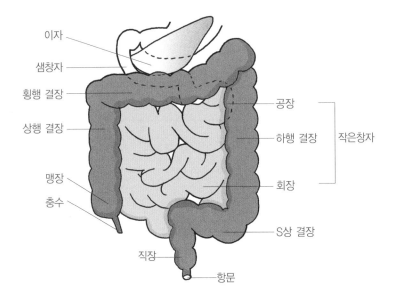

막 항문과 이어져서 일직선을 이루는 큰창자 부분을 직장이
라고 한답니다. 그러므로 우리가 흔히 큰창자라고 하면 거의
결장 부분을 말한다고 볼 수 있답니다.

사람의 맹장은 초식 동물과 같이 발달되어 있지는 않지요.
왜냐하면 사람은 잡식이니까요. 맹장 아래에 길게 나와 있는
부분을 충수(막창자꼬리)라고 하지요. 이곳에 이물질이 들어
가면 염증을 일으킬 수도 있지요. 옛날에는 충수는 하는 일
없이 염증만 일으킨다면서 없애는 게 좋다고 생각했었지만,
요즈음은 그렇게 생각하지 않는답니다. 면역에 관계한다는

것이 알려졌거든요. 우리가 흔히 말하는 맹장염은 바로 충수염(막창자꼬리염)을 뜻한답니다.

작은창자에서 맹장으로 이어지는 부분에 입술처럼 생긴 회맹판이라는 판막이 있답니다. 이 판막은 큰창자로 넘어온 내용물이 회장으로 되돌아가는 것을 막는 장치랍니다.

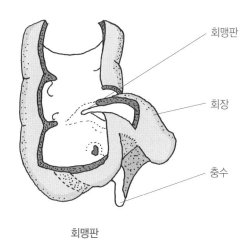

회맹판

큰창자는 대변을 만든다

큰창자의 내벽에는 작은창자와 같은 융털이 없답니다. 작은창자와 같이 신속하게 영양소를 흡수하지 않기 때문이죠. 큰창자가 하는 일이란 물을 흡수하는 것입니다. 그리고 약간의 무기물도 흡수하지요. 작은창자에서 큰창자로 넘어온 내용물에 포함된 물의 90% 정도를 큰창자가 흡수합니다. 내용물이 작은창자에서 큰창자로 넘어온 찌꺼기들은 큰창자가 흡수한 물을 만남으로써 물렁물렁한 대변이 생겨나는 거지요. 생겨난 대변은 결장의 맨 마지막 부분과 직장에 고여 있다가 밖으로 내보내지는 것이랍니다.

그러면 음식물이 소화되면서 큰창자까지 오는 데는 얼마나 시간이 걸릴까요?

빠르면 4시간 정도, 대개는 12시간 후면 작은창자에서 큰창자로 넘어가게 됩니다. 그 이후에는 매우 속도가 느려서 10시간 정도 걸려야 항문에 도착하게 되지요. 하지만 대중 없답니다. 실험적으로 작은 구슬을 식사 때 함께 먹으면 72시간 안에 대부분 대변에 섞여 나온답니다.

배변은 조절이 가능한 반사 행동이다

배변에 대해 이야기하려니 이런 말이 갑자기 떠오르네요. "우리가 신(神)이 아니라는 것을 느끼는 때는 변기에 앉아 있을 때다." 좀 듣기 거북한 이야기지만 그럴듯한 말이라고 생각되네요.

배변의 횟수는 민족에 따라 다르답니다. 아프리카 세네갈 사람들은 적어도 하루에 2번이 정상이라고 생각하고 한국 사람들은 하루에 1번 정도, 미국 사람들은 이틀에 1번 정도를 정상이라고 판단한답니다. 대변량은 서구인이 100g 정도인 데 비해, 한국인은 200~250g이면 정상으로 친답니다. 이렇게 배변 횟수와 대변량이 다른 이유는 섭취하는 섬유소의 양이 차이가 나기 때문이지요. 서구인보다는 한국인이 섬유소를 많이 먹는다는 것을 여러분은 알고 있을 거예요.

어쨌거나 우리가 밥을 먹는 것과 대변을 보는 횟수는 다르지요. 하루 또는 이틀에 1번 정도니까요. 이것은 큰창자가 물을 흡수하여 만들어 놓은 대변을 모으는 일을 한다는 것을 말해 준답니다.

물고기나 새는 큰창자가 발달해 있지 않습니다. 그런데 땅위에 사는 포유류는 큰창자가 발달해 있습니다. 어떤 사람은 이 같은 현상을 적에게 흔적을 남기지 않기 위해 모아서 한곳에 버리기 위해서라고 해석합니다. 그럴듯한 해석이라고 봅니다. 물고기나 새는 굳이 그럴 필요가 없으니까요.

대변이 모이는 부분은 직장이랍니다. 직장에 어느 정도 대변이 모이면 신경을 통하여 뇌가 알게 됩니다. 뇌는 오므리고 있던 항문의 근육을 열라고 명령을 내린답니다. 그런데 이 명령은 반사적으로 일어납니다. 즉 배변 운동은 재채기나 하품과 같은 종류의 운동이라는 뜻입니다.

하지만 우리는 의식적으로 배변을 조절할 수 있답니다. 어느 정도는 참을 수 있다는 거죠. 어째서 재채기와 달리 배변을 억제할 수 있느냐면 항문의 근육이 밖에 하나 더 있기 때문입니다.

잠깐 여기서 우리 몸의 '괄약근'을 생각해 보고 가지요. 괄약근이란 오므렸다 벌렸다 하는 근육을 말하지요. 위의 입구나 출구, 항문 등에 괄약근이 있는데, 오물치기 근육이라고 부르는 경우도 있어요. 우리가 배변을 하려면 항문의 괄약근을 벌려야 하고, 배변을 참으려면 괄약근을 꽉 오므리고 있어야 된답니다.

우리가 배변을 참을 수 있는 것은 안쪽에 있는 항문 근육, 즉 괄약근을 우리 마음대로 조절할 수 없지만 밖에 있는 항문 괄약근을 조절할 수 있기 때문이죠. 그래서 오므리고 있던 안쪽 괄약근이 열려도 밖에 있는 괄약근이 오므리고 있으면 배변이 일어나지 않는답니다.

만일 배변이 재채기나 하품처럼 우리가 억제할 수 없는 반사 행동이라면 어떨까요? 우리 생활이 대단히 불안하고 난감

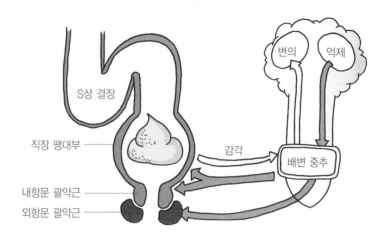

해질 것입니다. 다행히 바깥쪽에 있는 항문 괄약근을 조절할
수 있어 품위 있는 생활이 가능해지는 게 아닌가 해요. 우리
몸의 지혜를 또 한번 보는 것 같네요.

변비는 섬유질 섭취로 막을 수 있다

변비란 배변이 잘 안 되는 것을 말하죠. 변이 지나치게 딴
딴해진 데 그 원인이 있답니다. 변비의 답답함이란 변비에
걸려 보지 않은 사람은 알기 어려울 정도로 심하답니다. 또한
변비는 건강에도 무척 좋지 않지요. 복통과 구토를 일으키기

도 하고, 심하면 큰창자가 상할 수도 있답니다. 변비는 어떻게 하면 막을 수 있을까요?

잡곡밥이나 채소를 많이 먹는 것이 좋은 방법일 수 있답니다. 잡곡이나 채소에는 섬유질이 풍부하지요. 섬유질은 소화가 되지 않는답니다. 그래서 섬유질을 많이 먹으면 대변의 양이 많아진답니다. 그리고 섬유질은 스펀지처럼 물을 머금어 대변이 지나치게 굳는 것을 막아 주지요. 그래서 대변의 양이 많아지고 부드러워져 변비가 되는 것을 예방해 준답니다. 변비약 중에는 섬유질이 주성분인 것이 많은데, 쌀겨와 같이 섬유질이 많은 재료를 이용하여 만든답니다.

또 하나의 방법은 운동을 하는 것입니다. 가만히 앉아 있으면 장의 운동이 감소하여 변비가 되기 쉽답니다. 산책이나 계단 오르기, 윗몸 일으키기 등 창자를 자극할 만한 운동(장운동)을 하는 것이 중요하답니다.

이런 생각을 하다 보니 요즈음 변비 환자가 예전보다 많아지는 원인을 알 수 있네요. 첫째 소시지·고기·햄 등 섬유질이 적은 먹을거리를 많이 먹고, 둘째 컴퓨터 사용 등 가만히 앉아 있는 시간이 점점 많기 때문이죠.

그럼 숙변이란 무엇일까요?

창자에 대변이 오래 남아 있는 상태를 숙변이라고 한답니다. 그리고 숙변이 건강에 좋지 않다고 알려져 있지만 그다지 과학적이지 않답니다. 정상적으로 배변을 하는 경우 숙변이 있을 수가 없거든요. 변비가 있어 가스가 찬다든지, 속이 부글거린다든지 할 수는 있지만요.

그래서 숙변을 제거한다고 큰창자를 세척하는 것은 오히려 해롭답니다. 변비는 생활 습관과 음식물의 선택으로 고치는 것이 좋습니다.

큰창자는 세균의 천국이다

세균은 따뜻한 곳을 좋아하지요. 여름에 음식물이 상하기 쉬운 것은 세균이 번식하기 좋은 온도 때문입니다. 소화관은 세균이 번식하기 좋은 온도랍니다.

하지만 위나 작은창자에는 세균이 거의 없답니다. 앞서 이야기했듯이 위에서 강력한 소독제인 염산이 나오기 때문입니다. 그래서 음식물이 세균이 거의 없는 상태로 작은창자로 내려오게 되지요. 작은창자에서는 비교적 물이 풍부한 내용물이 빨리 지나가기 때문에, 세균이 머무를 자리가 없지요. 그래서 작은창자에는 세균이 많지 않답니다.

하지만 큰창자에서는 세균이 활발하게 번식한답니다. 내용물이 아주 천천히 움직일 뿐 아니라 세균이 좋아하는 영양소가 풍부하기 때문이랍니다.

세균은 조건만 맞으면 엄청난 번식력을 나타내지요. 대변 1g에는 수천억 개의 세균이 들어 있을 정도랍니다. 대변은 물을 제외한 단단한 성분의 30% 이상이 세균이라면 믿어지는지요. 큰창자에 사는 세균은 100종, 100조 개에 이른다고 합니다. 사람의 세포 수는 어림잡아 60조 개라고 하니, 사람은 자신의 세포수보다 더 많은 세균을 큰창자에 배양하며 사는 셈입니다. 사람의 몸무게 중 1kg 정도는 세균의 무게라고 여겨진답니다. 정말믿기 어렵죠?

여기서 한 가지 의문이 생겼지요? 큰창자 속에 사는 세균들은 우리 인간에게 해로울까요, 아니면 이로울까요?

큰창자에 사는 세균은 일반적으로 해롭지 않습니다. 큰창자의 세균은 사람이 소화시키지 못하는 섬유질을 분해합니다. 사람은 세균이 분해한 섬유질로부터 약간의 영양소를 얻습니다. 특히 섬유질을 분해하여 만드는 지방산이라는 영양소는 사람이 흡수하여 이용할 수 있답니다. 그리고 비타민 K도 세균이 만들어 줍니다.

큰창자의 세균은 또 다른 세균의 침입을 막아 주는 기능도 합니다. 세균이 무슨 세균을 막는가 하고 의문이 생길 것 같네요. 큰창자에서 세균이 사는 것은 자기네끼리 오랫동안 한 마을을 이루고 있는 사람들과 같습니다. 그래서 외부에서 낯선 사람이 나타나면 불편해하듯, 큰창자의 세균도 낯선 세균이 들어오면 불편해한답니다. 외부에서 온 낯선 사람이 식량을 빼앗아 간다고 생각해 봐요. 마을 사람들이 가만히 있지 않을 겁니다. 큰창자에 사는 세균도 낯선 세균을 만나면 이 같은 반응을 나타낸다는 겁니다. 큰창자의 세균 마을은 출생 후 얼마 안 있어서 생겨난답니다.

여러분 항생제가 무엇인지 알지요? 세균을 못살도록 하는 약입니다. 강력한 항생제, 특히 여러 세균에 작용할 수 있는 강력한 항생제를 다량 먹으면 큰창자의 세균이 죽을 수 있답니다. 그러면 큰창자에 서식하던 세균들의 힘이 약해진 틈을 타서 외부에서 들어오는 세균이 번성하기도 하지요. 그러면 장에 염증이 생기고 탈이 나게 됩니다. 그러므로 항생제도 의사의 처방에 따라 복용해야 합니다.

방귀는 큰창자에 세균이 살고 있다는 증거이다

방귀는 냄새나는 기체이지요. 대부분의 방귀는 큰창자에서 발생합니다. 우리가 음식물을 먹을 때 공기를 삼키기는 해요. 특히 급하게 먹으면 더 그렇죠. 그러나 음식을 먹을 때 들어가는 기체는 대부분 다시 트림으로 나온답니다. 그리고 아주 일부가 아래로 내려갑니다.

세상에는 방귀를 연구하는 학문도 있다고 해요. 그만큼 방귀는 몸의 상태에 따라, 혹은 먹은 음식물에 따라 다양하게 발생하기 때문에 연구할 것이 많다는 말이 되는 것입니다.

방귀의 주성분은 공기와 다르답니다. 방귀의 주성분은 질소, 산소, 이산화탄소, 수소, 메탄이며 아주 미량의 유황 성분이 섞여 있어 냄새가 심하지요. 이처럼 방귀의 성분이 공기와 다른 것은 방귀가 우리가 삼킨 공기가 나오는 것이 아니라 장에서 발생하는 기체라는 증거가 된답니다. 혈액에 포함된 질소나 산소 등의 가스가 창자로 확산되어 나오기도 하지만 방귀로 나오는 기체의 대부분은 세균에 의해 생성됩니다.

특히 소화가 잘되지 않는 섬유질이 많은 잡곡을 먹으면 방귀가 많이 나옵니다. 쌀밥보다 보리밥이 더 방귀를 많이 나오게 하는 까닭이 여기에 있지요. 어른들은 어릴 적에 꽁보리밥을 먹은 경험이 있지요. 쌀이 떨어지는 여름에 꽁보리밥을 먹게 되는데, 쌀밥을 먹을 때보다 방귀가 많이 나온답니다. 섬유소는 사람이 소화를 시키지 못하기 때문에 큰창자에 와서 세균에 의해 분해가 되므로 방귀를 많이 생성되게 한답니다.

한국인은 우유를 먹으면 설사가 나거나 방귀가 많이 나오는 경우가 많지요. 우유 속에 들어 있는 젖당을 분해하는 효소가 없기 때문입니다. 소화되지 않고 큰창자까지 내려오는 젖산을 큰창자에서 세균이 분해하기 때문에 방귀가 생기게 되는 거랍니다. 그러므로 우유를 먹어 보고 방귀가 많이 나온다 싶으면, 우유 먹는 것을 조심해야 할 것 같습니다. 어떤 젊은이가 4시간 동안 1,400 mL의 방귀를 내뿜었다는 기록이 있답니다. 원인은 우유에 있었다고 하는데, 우유를 먹지 않으니 거짓말처럼 방귀가 사라졌지요.

그렇다면 한국인은 왜 젖당 분해 효소가 부족할까요?

서양인은 5% 정도만 젖당 분해 효소가 부족한 반면, 한국인은 85% 정도가 젖당 분해 효소가 부족하거나 없다고 합니다. 한국인과 마찬가지로 동양권 나라의 민족도 젖당 분해 효소가 부족하다고 해요. 그 이유는 정확하지 않지만 일찍부터 농경 생활을 한 탓에 우유를 마실 기회가 적었기 때문일 것이라는 추측을 하고 있답니다.

　그러면 젖당 분해 효소가 없는 사람은 우유를 먹지 말아야 할까요?

　그렇지 않습니다. 우유는 젖당 외에도 많은 영양소를 골고루 함유한 훌륭한 식품이랍니다. 단지 우유를 한꺼번에 많이 먹으면 배에 가스가 차고 방귀가 나오는 불편한 점이 생긴다는 것이죠. 한 번에 1컵 정도 마시면 별 문제가 없답니다. 그리고 개인이 자기 몸에 대해 실험을 할 필요가 있답니다. 200 mL 정도 먹어 봐서 어떤 증상을 보이는지 살펴보면 쉽게 판단할 수 있습니다. 설사가 나거나 방귀가 심하면 가공 우유를 마시거나 젖당 분해 효소를 조금 넣어 먹는 방법도 좋답니다. 또, 우유 대신 유산균이 들어 있는 요구르트를 먹어도 좋고요.

　방귀 때문에 건강에 이상이 생기거나 그러지는 않습니다. 단지 큰창자에서 세균이 활발하게 작용하고 있는 것을 확인할 뿐입니다. 주위에 유난히 방귀를 잘 뀌는 친구가 있나요? 그렇다면 그 친구가 먹은 음식물과 관련이 있기 쉽습니다. 방귀가 잘 나오게 하는 음식물을 좋아한다거나 집에서 주로 방귀가 잘 나오는 음식이 식탁에 자주 오르겠지요.

큰창자가 지나치게 민감한 사람도 있다

유난히 복통과 설사를 자주하는 사람들이 있어요. 그래서 검사를 해 보면 아무 이상이 없다는 거지요. 이런 증상을 대개 과민 대장 증후군이라고 부른답니다. 여기서 '증후'라는 말은 병적 증상이 있다는 의미이고, '군'이라는 말은 집단이라는 말이죠. 그러니 과민 대장 증후군이란 큰창자가 병적으로 예민한 증상을 가진 집단에 속한다는 의미입니다.

요즈음에 '새집 증후군'이라는 말이 있습니다. 새집에 이사해 들어가면 벽이나 천장, 바닥에 붙인 내장재로부터 화학 물질이 기체 상태로 나와서 몸에 나쁜 영향을 준다는 것이죠. 영어로는 신드롬이라는 말을 써요. 어떤 연예인이 폭발적인 인기를 얻으면 '○○○ 신드롬'이라는 말이 유행하게 되지요.

과민 대장 증후군에 속한 사람들은 일반적으로 성격이 예민하고 불안하고 우울한 경향을 보인다는 견해가 있어요. 매사 완벽을 추구하는 사람도 마찬가지고요. 증세는 배변을 하고 나서도 개운하지 않아 화장실에 다시 가고, 또 대개 아랫배가 살살 아프지요. 보통 아침에 2~3번 화장실에 들락거리는 경우가 대개는 과민 대장 증후군에 속한답니다.

이런 증상이 있는 사람은 섬유질이 많은 음식을 먹고, 편안한 마음가짐을 가지도록 노력하는 것이 중요해요.

요즈음에 대장암 환자가 많아지고 있다는데 그 원인을 알아볼까요?

대장암은 식생활이 서구화되면서 많이 발생한다고 알려져 있답니다. 대장암의 발생 증가는 섬유질 섭취의 감소와 동물성 지방의 섭취 증가에 그 원인이 있답니다. 이 같은 주장을 뒷받침하는 역사적 사실이 있지요. 일본인이 하와이에 이주했을 때 대장암 발생 빈도는 일본에 사는 사람과 다를 바 없었지만, 2세대에서는 점점 증가하여 3세대에서는 식생활이 완전히 서구화됨에 따라 하와이 주민과 같게 되었다는 거죠. 그러므로 식물성 음식을 많이 섭취하고 동물성 지방이 있는 고칼로리 음식을 줄이는 것이 대장암 예방에 도움이 된답니다.

치질은 사람에게만 있다

치질이란 항문에 생기는 병이지요. 항문의 정맥 혈관이 부풀어서 생긴다고 생각해도 좋겠습니다. 치질이 생기면 변을 볼 때 항문에서 피가 나기도 하고 아프기도 합니다. 많은 사람들이 치질로 고생하며, 나이가 많을수록 이 병이 많이 생긴답니다. 일종의 노화 증상이라고나 할까요.

그런데 치질은 유독 사람에게만 생깁니다. 사람의 경우는 일어서서 생활하기 때문에 항문에 피가 몰리기 쉽다는 것입니다. 피가 위로 올라가지 못하고 항문의 정맥에 고여 있는 경우가 많이 생긴다는 거지요.

다음 그림을 보세요. 개는 심장보다 항문이 위에 있습니다. 그래서 항문의 정맥에 피가 몰리지 않고 쉽게 심장으로 되돌아가는데, 사람의 경우는 그렇지 못하다는 거예요. 더구나 섬유질이 없는 음식물을 많이 섭취하면서 변비가 증가하여 배변 시 항

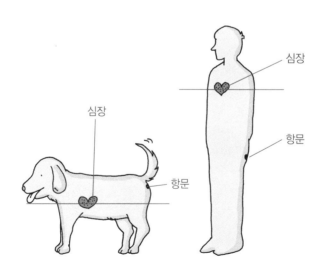

심장

항문

심장

항문

문에 힘을 주는 경우가 많아서 치질에 더 잘 걸리게 됩니다. 또 늘 앉아서 일함으로써 혈액 순환이 나쁜 사람이나, 임신한 여성에게 많이 생깁니다.

소화와 건강 — 적게 먹기

어떻게 하면 우리 소화기를 건강하게 유지할 수 있을까요?

13

마지막 수업

소화와 건강 —
적게 먹기

파블로프가 그동안 배운 내용을
짧게 이야기하며
마지막 수업을 시작했다.

우리는 그동안 입, 식도, 위, 간, 이자, 작은창자, 큰창자 순으로 이야기해 왔습니다. 이제 소화기를 건강하게 유지할 수 있는 방법에 대해 알아봅시다.

많이 먹지 말자

한국의 시골 어른들에게는 위장병이 많습니다. 그 이유 중 하나가 과식 때문입니다. 농사일은 참 힘들어서 몸이 에너지를 많이 쓴답니다. 에너지를 보충하기 위하여 아침과 점심 사이에 새참이라고 하여 음식을 더 먹어요. 물론 새참이 꼭 먹기 위해서가 아니라 잠시 몸을 쉬는 시간이 되기도 하지만요.

이렇게 새참을 먹다 보니 하루에 5~6끼를 먹게 되지요. 위가 쉴 틈이 없고, 또 많이 먹기 때문에 위가 늘어난답니다. 그래서 위 점막이 얇아지고, 위산도 많이 분비되어 위벽이 상하게 되는 거지요.

많이 먹으면 위가 부담을 느낀답니다. 그래서 항상 붙어다니는 말이 있지요? '과음 · 과식 · 소화 불량'이라고요. 요즈음처럼 먹을거리가 풍부한 시대에 사는 우리에겐 적게 먹는 소식의 중요성은 아무리 강조해도 지나치지 않을 것 같습니다.

규칙적으로 먹자

우리 몸은 규칙적인 것을 좋아한답니다. 병에 안 걸리고 장수하려면 규칙적인 생활을 해야 한다는 것은 누구나 알고 있지요. 정해진 시간에 자고, 정해진 시간에 일어나고, 정해진 시간에 먹고, 정해진 시간에 일하고, 운동하고……

위장도 규칙적으로 음식이 들어가야 준비를 하고 소화를 잘 시킨답니다. 식사를 불규칙하게 하는 사람들에게서 위장병이 많이 나타납니다. 식사를 불규칙하게 한다는 것은 대개 식사 때를 놓쳐서 늦게 하는 경우가 많다는 의미가 됩니다. 밥을 늦게 먹으면 배가 고파 자연적으로 폭식을 하게 되지요.

또 불규칙적인 식사는 식사를 빨리 한다는 의미도 됩니다. 그래서 과식을 부추긴답니다. 밥을 빨리 먹으면 배부른 느낌이 오지 않아 과식을 하게 되지요. 뇌가 포만감을 느끼는 데는 시간이 어느 정도 걸리는데, 식사를 빨리 하면 뇌가 포만감을 느끼기 전에 식사를 하게 되면서 과식하게 되는 거랍니다.

시도 때도 없이 간식을 입에 달고 다니는 것도 좋지 않답니다. 역시 비만의 원인이 되기도 하지만 위산의 분비가 증가하고 위가 쉴 틈이 없어지기 때문입니다.

자극성 음식을 줄이자

한국 음식의 단점은 지나치게 짜거나, 맵거나, 뜨겁다는 것입니다. 사실은 그렇기 때문에 한국 음식이 맛있지만요. 이렇게 위벽 세포에 자극을 주는 음식물은 위벽 세포를 괴롭힐 뿐 아니라 암 발생의 원인이 된답니다.

또 불에 구운 고기도 암 발생의 요인이 됩니다. 삼겹살, 갈비 등 연기를 내며 구워 먹는 음식물은 암 발생을 촉진한다는 것은 널리 알려진 사실이랍니다. 또 커피, 담배, 술 등 기호 식품도 위장에 좋지 않답니다.

음식을 싱겁고 맵지 않게 먹는 습관을 들이면 위가 기뻐할 것입니다. 주인이 자기를 덜 괴롭힌다고 말입니다. 우리를 위해 늘 수고하는 소화기를 편하게 해 주는 것이 우리의 건강을 지키는 지름길이 아닐까요?

약을 함부로 사용하지 말자

약 가운데 가장 많이 팔리는 종류는 무엇일까요? 위장약이랍니다. 그만큼 일상생활에서 이상이 생기기 쉬운 부분이 소화기랍니다. 광고에도 참 많이 나와요. 그래서 아무 약이나 함부로 먹기 쉬운 병이 위장병입니다. 하지만 약은 꼭 의사의 처방에 따라 복용해야 한답니다.

위장약뿐 아니라 모든 약은 반드시 의사의 처방에 따라 복용하는 것이 소화기의 건강에 중요합니다. 우리 몸의 다른 부분에 이상이 있어 약을 복용할 때 그 약들이 소화기에 좋지 않은 영향을 주는 경우가 많답니다.

의사가 처방을 할 때 '소화는 잘됩니까?' 하고 묻는 경우가 많은데 그만큼 위장에 부담을 주는 약이 많기 때문입니다. 다른 부분의 병은 고치고 소화기에 병을 얻는다면 현명한 일이 아닐 테지요.

지나친 다이어트를 삼가자

소화와 직접적인 관련은 없지만 다이어트 이야기를 하고 싶어지네요. 먹는 것과 관련이 있어서 말입니다. 체중을 줄인다고 무작정 먹는 음식을 줄이거나 특정한 음식을 다이어트식이라 하여 고집하는 것은 건강을 망치는 지름길이랍니다. 그렇게 한다고 비만이 치료되는 것도 아니고요. 비만의 치료는 알맞게 먹고 많이 움직이는 것 외에 다른 방법이 없답니다.

요즈음에는 다이어트와 관련하여 또 다른 문제가 발생하고 있지요. 여러분도 이제는 귀에 익은 거식증이라는 신종 병입니다. 거식증은 미국의 인기 듀오 카펜터스의 멤버 캐런 카펜터가 다이어트를 지나치게 하다가 죽음으로써 세상에 널리 알려지게 되었지요.

거식증이란 체중 증가에 대한 두려움 때문에 식사를 거부하는 일종의 정신적인 질병이랍니다. 거식증에 걸리면 음식을 혐오해 먹지 않을 뿐 아니라 먹은 음식물마저 토하게 됩니다. 한창 몸이 자랄 나이에 거식증에 걸리면 그 피해는 더 크답니다. 체중이 너무 줄어드는 것은 물론 성장을 멈추게 되거든요.

그러므로 체중에 대한 마음가짐을 조금은 대범하게 가질 필요가 있답니다. 너무 무심하여 먹는 것을 절제하지 않거나 운동을 하지 않고 게으르게 사는 것도 문제이지만, 너무 예민하게 대응하는 것도 문제가 있답니다. 물론 자신이 비만이 되지 않도록 유의하고 부지런히 운동을 하며 식사량을 알맞게 조절하는 것은 좋은 일입니다. 하지만 몸매가 날씬하지 못하다 하여 지나치게 의기소침하거나 먹는 것을 과도하게 줄이는 것은 옳지 못합니다. 자신의 건강을 망칠 뿐 아니라 음식물을 혐오하는 거식증에 걸릴 수도 있기 때문입니다.

거식증은 정신적인 질환인 탓에 치료가 어렵답니다. 대개의 정신 질환이 그렇듯이 환자 스스로 극복하기가 어렵기 때문입니다.

혹시 여러분 중에도 지나치게 체중에 신경을 쓰는 사람이 있는지요. 뚱뚱해서 다른 누군가가 싫어하지 않을까 걱정하는 사람이 있는지요. 그렇다면 날씬한 몸매를 강요하는 사회 분위기가 잘못되었다며 알려 주고 싶습니다. 몸이 자라는 시기에는 몸매보다 충분한 영양소의 공급이 더 중요하답니다.

몸이 다 자란 어른과 여러분은 다르답니다. 아름다운 몸매에 지나친 가치를 두는 태도는 참으로 어리석은 일이랍니다. 자신의 가치는 결코 몸매에 있는 것이 아니기 때문입니다.

즐거운 마음으로 먹고, 건강한 마음으로 살자

'즐겁게 밥을 먹어야 한다'는 말은 참 과학적인 생각이랍니다. 우리가 긴장하거나 기분이 나쁠 때는 자율 신경 중에서 교감 신경이 흥분을 하게 되지요. 그런데 이 교감 신경은 소화기의 운동과 소화액 분비를 억제한답니다. 그 결과 소화가 잘되지 않고 체하기 쉽답니다.

그러므로 밥 먹을 때는 가족끼리 즐거운 대화를 하거나 좋은 음악을 듣는 것이 좋습니다. 그러면 교감 신경 대신 부교감 신경이 흥분을 하여 소화액이 잘 나오고, 소화 운동도 촉진된답니다. 옛말에 "밥 먹을 때는 개도 건드리지 말라."는 말이 있지요. 밥은 편안한 상태에서 먹는 것이 건강에 유익하답니다.

스트레스나 미래에 대한 걱정과 두려움은 위에 아주 좋지 않은 영향을 줍니다. 우리 몸의 모든 부분이 그렇지만 특히 위는 심리에 아주 민감하답니다. 앞서 이야기했듯이 과도한 스트레스는 위염이나 위궤양의 원인이 된답니다.

소화기의 건강을 위해서는 운동이나 등산 등 스트레스를 해소할 수 있는 자기만의 방법을 개발하고, 모든 일이 잘되리라는 낙천적인 마음가짐으로 열심히 살아가는 것이 중요합니다. 마음이 건강해야 몸도 건강해지고, 몸이 건강해야 소화기도 건강할 수 있기 때문이죠. 다시 말하지만 몸과 마음은 하나입니다.

훌륭한 해부 솜씨를 가졌던 생물학자
파블로프 Ivan Petrovich Pavlov, 1849~1936

　많은 과학자들이 우리 몸을 연구하기 위해 일생을 바쳤습니다. 그중 한 사람이 바로 러시아에서 태어난 파블로프입니다. 파블로프는 평생 혈액 순환과 소화에 대해 연구하는 데 몰두하였습니다. 그 결과 1904년 소화액 분비에 관한 연구로 노벨 생리 · 의학상을 수상하였습니다.

　파블로프는 의사 자격을 가지고 있었습니다. 그는 훌륭한 외과 의사의 솜씨를 가지고 있었습니다. 외과 의사는 주로 몸을 해부하여 병을 치료하는 의사입니다. 그의 수술 솜씨는 동물을 해부하여 실험을 하는 데 크게 도움이 되었습니다. 그가 연구했던 심장의 조절이나 소화액의 분비에 관한 것은 섬세한 수술 솜씨를 가지고 있어야만 할 수 있는 연구였으니까요.

개를 해부하여 심장에 연결된 아주 가는 신경을 조심스럽게 찾아냄으로써 '심장에 연결된 신경들이 심장이 얼마나 빠르게 박동할지를 조절한다'는 사실을 밝혔습니다. 또한, 신경이 연결된 채로 개의 위를 잘라 내어 신경이 소화액 분비에 어떻게 작용하는지도 연구하였습니다. 개의 위에 작은 구멍을 내어 소화액의 분비에 대해 연구하기도 하였습니다. 이러한 연구는 저서 《소화샘 연구에 대한 강의》(1897)에 잘 기록되어 있습니다.

파블로프는 1881년 작가 도스토옙스키의 친구인 지적이고 매력적인 한 학생과 결혼했으나 가난 때문에 초기에는 서로 떨어져 살아야 했답니다. 그는 자신이 얻은 성공의 많은 부분을 편하게 연구할 수 있도록 평생을 헌신한 부인의 덕택이라고 하였습니다. 1890년 임피리얼 의학 아카데미의 생리학 교수가 되어 1924년 사임할 때까지 그곳에서 일했습니다.

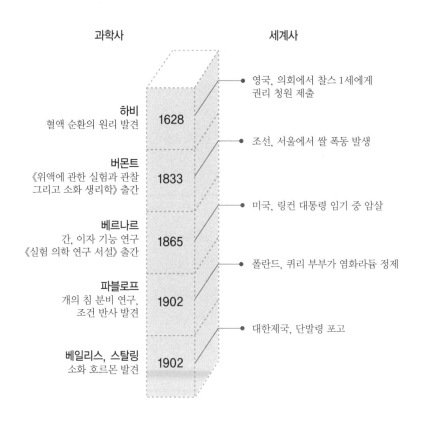

과학사

세계사

영국, 의회에서 찰스 1세에게
권리 청원 제출

하비
혈액 순환의 원리 발견

1628

조선, 서울에서 쌀 폭동 발생

버몬트
《위액에 관한 실험과 관찰
그리고 소화 생리학》 출간

1833

미국, 링컨 대통령 임기 중 암살

베르나르
간, 이자 기능 연구
《실험 의학 연구 서설》 출간

1865

폴란드, 퀴리 부부가 염화라듐 정제

파블로프
개의 침 분비 연구,
조건 반사 발견

1902

대한제국, 단발령 포고

베일리스, 스탈링
소화 호르몬 발견

1902

1. 동물의 소화관에는 음식물을 잘게 분해하는 효소가 있는데, 이것을 ☐ ☐ 효소라고 합니다.

2. 생물이 외부로부터 받아들여 몸을 구성하거나 에너지를 내는 물질을 영양소라고 하는데, ☐☐☐☐ , 지방, 단백질은 에너지를 낼 수 있는 영양소입니다.

3. 녹말은 ☐☐☐ 으로 분해되어야 소화관에서 흡수됩니다.

4. 소화 효소는 ☐☐☐ 로 되어 있어서 열에 약합니다.

5. 위에서는 ☐☐ 이 나와서 음식물에 섞여 있는 세균을 죽입니다.

6. ☐☐ 는 위의 아래쪽, 십이지장 옆에 있으며 탄수화물, 지방, 단백질을 각각 소화시키는 소화 효소가 나옵니다.

7. ☐☐☐ 은 간에서 만들어지며 지방의 소화를 돕습니다.

8. 대장이 주로 하는 일은 ☐ 을 흡수하는 것입니다.

소화와 관련된 민간 요법

소화에 관한 민간 요법은 매우 많습니다. 이런 민간 요법 중 오해에서 비롯된 것도 있습니다. 여기서는 소화와 관련된 민간 요법을 과학적으로 살펴보도록 하겠습니다.

소화가 안 될 때 콜라나 사이다가 좋다?

탄산 음료의 가스가 일시적으로 트림을 유발해 소화가 되는 것처럼 느껴지지만, 음식물을 소화시키는 데는 아무런 도움이 되지 않습니다. 더욱이 탄산 음료는 톡 쏘는 발포 자극으로 위를 자극하기 때문에 위장 질환이 있는 사람은 주의해야 합니다.

소화 불량에는 무즙이 효과적이다?

속설에 소화가 잘되지 않을 때는 무즙을 먹으라는 말이 있는데, 무에는 탄수화물을 분해하는 아밀라아제라는 효소가 있어 소화에 도움을 줄 뿐 아니라 위를 튼튼하게 만들어 줍니다. 게다가 무는 식물성 섬유질이 풍부하기 때문에 장 내의 노폐물을 제거해 주는 데도 효과적입니다.

　속 쓰릴 때는 우유를 마셔라?

　위산 분비가 많아 속이 쓰릴 때 우유를 마시면 잠시 속쓰림이 완화될 뿐 근본적으로 문제를 해결할 수는 없습니다. 우유는 일시적으로 위산을 중화하지만 곧 다시 위산이 분비되기 때문입니다. 속이 쓰릴 때마다 우유를 마시면 오히려 증상이 악화될 수 있습니다.

　소화가 잘되지 않을 때는 물에 밥을 말아 먹는 게 좋다?

　속이 안 좋을 때 물이나 국에 밥을 말아 먹는 사람이 많은데, 수분으로 음식물을 넘기는 것은 수월해도 소화에는 도움이 되지 않습니다. 입안으로 들어온 음식물은 침과 잘 섞이고 적당히 부서져야 소화가 잘되는데, 물에 말아 먹을 경우 음식물을 잘 씹지 않고 빨리 넘기기 때문에 소화가 어려워집니다.